もふもふでかわいく優美　刺繍で魅せるモス図鑑

蛾売りおじさんの
めくるめく蛾の世界

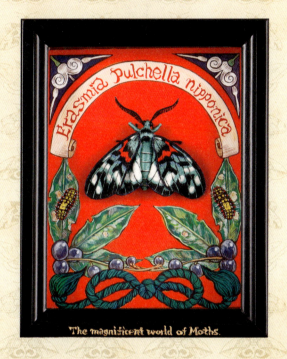

蛾売りおじさん 著

神保宇嗣 監修

誠文堂新光社

もふもふでかわいく優美
刺繍で魅せるモス図鑑
蛾売りおじさんの
めくるめく蛾の世界

contents

はじめに　蛾はミューズであり師でもある。
　　　　　その美しい世界　8

PART 1
人と蛾 10

オオミズアオ　12
カイコ　16
ヤママユ　20
クスサン　24
シンジュサン　26
ヨナグニサン　30
チャドクガ　34
ムクゲコノハ　36
ヒメクジャクヤママユ　38
マダガスカルオナガヤママユ　40

column
「人類と蛾の関わり」　44

PART 2
季節の蛾 46

イボタガ　48
オオスカシバ　52
クロメンガタスズメ　54
ヒトリガ　58
ムラサキシタバ　60
ウスタビガ　62
ヒメヤママユ　66
ミノウスバ　68
イチモジフユナミシャク　70

column
「蛾で感じる日本の四季」　72

PART 3
擬態する蛾 74

アケビコノハ 76
ムラサキシャチホコ 80
トビモンオオエダシャク 82
ツマキシャチホコ 84
ケンモンミドリキリガ 86
アゲハモドキ 88
コシアカスカシバ 92
カノコガ 94
キハダカノコ 96

column
「知的好奇心による芸術」 98

PART 4
美しい蛾 100

サツマニシキ 102
オキナワルリチラシ 104
ビロードハマキ 106
アミメリンガ 108
サラサリンガ 110
アカハラゴマダラヒトリ 112
アカスジシロコケガ 114
シンジュキノカワガ 118
マダラニジュウシトリバ 120
モンキシロノメイガ 122
オオトモエ 124
ウンモンスズメ 126
ベニスズメ 130
エゾスズメ 132
キイロスズメ 136
ロージー・メープルモス 138

column
「蛾、その美しきもの」 140

あとがき 果てしない蛾の世界にいざなう
「かわいい」という入り口 142

さくいん 143

はじめに

蛾はミューズであり師でもある。その美しい世界

「蛾」と聞くと、みなさんはどのようなイメージをおもちでしょうか。毒がありそう？　地味？　粉っぽい？　蛾は蝶に比べてマイナスなイメージをもたれがちのようです。しかし、蛾はとても魅力的な生き物で、ときに美しく、かわいらしく、おしゃれな存在でもあります。

私が蛾にはじめて興味をもったのは、大学生のときのこと。アルバイトからの帰り道、ふとコンビニの白い壁を見るとたくさんの蛾がとまっています。恐る恐る近づいて観察してみると、蛾の翅には繊細で美しい点描画のような模様が描かれており、背中の毛はファーのようで、まるで美しい織物のコートをまとった貴婦人のように見えました。そして、それぞれの蛾によって色や模様が異なっています。私はその美しい姿に感動して、いつまでも見入っていたことを覚えています。

その後、図鑑やインターネット等で名前や生態等を調べるようになり、蛾の世界に夢中になっていきました。そして彼らを「作りたい！」と思いました。作ってずっと胸に留めておきたい、という願望を抱くようになったのです。刺繍で作りあげた「蛾ブローチ」はそんな私の願望から生まれた作品たちです。

作れば作るほど、一層、蛾たちの美しさ、センスのよさに感銘を受け、もっとこうしなければ、ああしなければ、と理想の姿を追い求めてきました。

蛾の翅は透明な翅に鱗粉が1枚1枚載ることで、あの美しい模様を描き出しています。なので、私も土台の布にひと針ひと針、糸を鱗粉に見立てて刺繍することで表現しています。それらの技術は、すべて蛾を作るためにゼロから編み出したもので、その技術を与えてくれた蛾たちは、私にとってミューズなのです。

　また、蛾のことを調べると、おのずと植物のことを調べることになり、他の虫たちについても興味をもつようになりました。それまで気にとめることがなかった自然環境に関する情報など、多くのことを学ぶきっかけを与えてくれたのも蛾です。制作を続けることで、多様な生き物に対して熱き情熱をもった人々、すばらしい表現者のかたがたとも出会うことができました。視野を広げてくれたという点で私にとって蛾は、師でもあります。今回、ひと針ひと針、時を刻むように制作してきた蛾ブローチを1冊にまとめる機会をいただけたこと、大変うれしく思います。

　本書を作るにあたり、多くのみなさんにご尽力いただきました。撮影のために蛾ブローチを貸してくださったオーナーのみなさま、本の制作に関わってくださったみなさま、誠にありがとうございました。そして、監修を快くお受けいただいた国立科学博物館の神保宇嗣先生、魅惑的なコラムを執筆していただいた、ブログ「蛾色灯」の飯森政宏さんに心より感謝いたします。

　本書は、刺繍の蛾と寄主(きしゅ)植物、モチーフとなった蛾に関連した絵で構成しました。また、それぞれの蛾の生態や、制作するときに考えていることなどの文章を添えています。

　植物と蛾の縮尺が実際と異なっていたり、蛾の出現時期と植物の状態が季節の時系列と異なっていたり、また昼に咲く花と夜に飛ぶ蛾を一緒に撮影した作品もありますが、表現の一部ととらえていただけると幸いです。

　蛾が好きな人も、これから好きになる人も、美しい蛾の世界を楽しんでいただけることを祈っています。

蛾売りおじさん

PART

1

人と蛾

蛾は古くから
とても身近な存在だった。
繭(まゆ)から糸をつむぎ、
ときには芋虫が吐く糸から
テグスをとる。
そして、害虫として
敵対することも。
そんな人と蛾の
関係性について考える。

Actias aliena

オオミズアオ
大水青

チョウ目ヤママユガ科【開張】80〜120mm【分布】北海道、本州、四国、九州【時期】4〜8月【寄主植物】サクラ、ウメ、モミジ、コナラなど(幼虫)

月を連想させる翡翠色の蛾

　淡い翡翠色の透き通るような翅をもつ、幽玄で美しい蛾である。翅の前縁と脚は、紫がかったピンク色をしている。色の組み合わせもさることながら、後翅はツバメの尾のように長く、先がカールするのもリボンのようでかわいらしい。「蛾=地味」という印象なんて吹き飛んでしまうことから、見つけたときに蝶だと思う人も多いようだ。幼虫が食べる植物(寄主植物)がサクラ、ウメ、モミジなど庭や公園に植えられるものも多いためか、住宅街での目撃情報も聞く。はじめて出会ったとき、「この世に妖精は存在したのだ！」と鳥肌を立てて感動した。

　年1〜2化(年に1〜2回出現するサイクル)で春型と夏型がいる。個体差も多いけれど、私は意識的に春型と夏型を作り分けている。春型は小さめで外横線(翅を横切る線の模様)がないかまたは薄めに、夏型は少し大きめにして外横線をしっかりめに刺繍し、下地の布も少し黄味がかったものを使用した。

　本種の仲間は英語ではLuna mothと呼ばれている。オオミズアオの学名にも以前はギリシャ神話の月の女神である「アルテミス」が使われていた。月を連想させる蛾なのだろう。たしかに、翅のレモンイエローの眼状紋(翅の目玉模様)はお月様のようである。オオミズアオと似ているオナガミズアオという蛾もいる。こちらは翅の形や触角の色、翅の透け感などが少し違うが区別は難しい。幼虫は寄主植物も異なり、蛹になる直前の終齢幼虫は顔の色も違うので容易に見分けられる。

Bombyx mori

カイコ
蚕

チョウ目カイコガ科 【開張】30〜45mm 【分布】家畜種。野生のカイコはいない
【時期】5〜9月頃に飼育する 【寄主植物】クワ（幼虫）

シルクを生むカイコはまるで天使のよう

　第二次世界大戦の頃まで、日本の経済を支えてきたカイコ。現在では繊維としてだけでなく、卵はワクチンの製造に、絹は人工血管に利用されるなど、人間にとってカイコは感謝してもしきれないほどお世話になっている蛾である。ただし、カイコは完全に家畜化されているため、野生下では生存できない。ちなみに本種の祖先は野生種のクワコという蛾である。カイコの幼虫は人間が運んでくるクワの葉を食べ、ケースに蓋をしなくても逃げることはない。成虫に翅はあるけれど、飛ぶことはできない。

　幼虫はしっとりと肌触りのよい質感の白い体が美しく、成虫はふわふわの白い胴体にクリクリとした黒眼がキュートだ。どちらも天使のようなかわいらしさである。

　かつての日本では、シルクを生むカイコは農家の人々にとって貴重な現金収入源であったため、とても大切にされてきた。敬意をもって「お蚕様」と呼ぶ地域がたくさんあり、お蚕様を祀るお社も全国各地に存在している。養蚕家にとってお蚕様を食べてしまうネズミは大敵だ。ネズミよけに猫を飼う家もあったようで、養蚕の様子が描かれている浮世絵にも猫が登場する。しかし、当時猫は余裕のある家しか飼うことができなかったため、猫がいない家は猫が描かれた札を貼っていたこともあったそうだ。

　これまでにカイコは100頭以上、制作している。年々、表現したいことが少しずつできるようになっているため、歴代のお蚕様ブローチを並べると制作法の変遷が窺える。

Antheraea yamamai

ヤママユ
山繭

チョウ目ヤママユガ科 【開張】115〜150mm 【分布】北海道、本州、四国、九州、対馬、南西諸島 【時期】8〜9月 【寄主植物】クヌギ、コナラ、カシ、クリ、サクラ、リンゴなど(幼虫)

淡い緑色の繭からは薄緑色の糸がとれる

　横に長いワイドな翅をもつ大きな蛾だ。黄色のほかに褐色のもの、オレンジ色のものと色味の個体変異が激しく、どの色味のヤママユを作ろうか、毎回悩んでしまう。本書のヤママユは、ピンクがかった黄色の個体と褐色の個体をモデルに制作したものである。

　カイコのことを「家蚕(かさん)」と呼ぶのに対してヤママユのように繭を繊維に加工するために飼育もされている野生の蛾のことを「野蚕(やさん)」と呼ぶ。世界中にたくさんの種類の野蚕がいて、別名「天蚕(てんさん)」とも呼ばれるヤママユは日本において代表的な野蚕である。繭は淡い緑色で、そこから作られる糸(天蚕糸)は光沢感のある薄緑色となる。天蚕糸は高値で取り引きされ、繊維のダイヤモンドと呼ばれているほど。

　ある日、自宅からそう遠くない公園のトイレにヤママユの卵が産みつけてあったため、数個持ち帰って飼育してみた。育つほどに食欲を増していき、毎日のように寄主植物のカシの葉を取りに行く。みずみずしくプリップリのボディとプニプニの腹脚がたまらない。

　カシの葉は乾燥しないよう、枝の切り口を湿らせた脱脂綿とアルミホイルに包んで飼育ケースに入れていた。ヤママユの幼虫はその脱脂綿によく頭を突っ込んでいたため、不思議に思って調べてみたら、カシは水分量が少ないため、ヤママユはよく水を飲むとのことだった。カイコの場合は、クワの葉に豊富な水分が含まれているため別に水分をとる必要はないらしい。

Saturnia japonica

クスサン
楠蚕/樟蚕

チョウ目ヤママユガ科【開張】110〜130mm【分布】北海道、本州、四国、九州、対馬、南西諸島
【時期】8〜10月【寄主植物】クリ、クヌギ、コナラ、エノキ、ケヤキ、サクラなど(幼虫)

眼状紋をパッと見せて敵を威嚇

　後翅の眼状紋が、漫画のキャラクターの瞳のようにきゅるんとしてかわいらしい。普段とまるときはその眼状紋を隠していて、威嚇するときパッと見せて相手を驚かせるようだ。
　ヤママユと同様に、ピンクがかったものから褐色のものまで色味の個体変異が激しい。
　繭はアミガサタケのように網目状になっていてスケスケだ。そのため「スカシダワラ」とも呼ばれる。幼虫は白のフサフサした長い毛が生える淡い緑色の毛虫で、クリやクヌギ、エノキなどいろいろな樹木につく。側面には鮮やかな水色の模様があり、これがまたキュートだ。その白い長い毛から「シラガタロウ」の別名もある。あだ名をふたつももっているということは、古くから人里に近い場所で生息していたのかもしれない。
　ナイロン製の釣り糸がなかった頃、クスサンの幼虫から糸を作る組織(絹糸腺)を取り出し、酢につけ伸ばした糸で魚釣りをしていたそうだ。木について葉をかじっている幼虫ではなく、繭を作ろうとウロウロしている状態の幼虫が適しているという。カイコを長年飼っている人に、カイコの幼虫の口から糸を引き出すことができると聞いたことがある。その糸の出かたは幼虫の成熟具合により異なるらしい。よく成熟して繭を作る頃のカイコの幼虫(熟蚕)からは、あふれんばかりの糸を引き出すことができるそうだ。繭を作ろうとウロウロしているクスサンの幼虫はこの熟蚕と同じ状態で、その時期の幼虫がいちばん絹糸腺が発達しているのだろう。

Samia cynthia

シンジュサン

樗蚕/神樹蚕

チョウ目ヤママユガ科 【開張】120〜140mm 【分布】北海道、本州、四国、九州、対馬、南西諸島 【時期】本土では5〜9月 【寄主植物】ニワウルシ（シンジュ）、カラスザンショウ、クロガネモチなど（幼虫）

4枚の翅すべてに三日月の紋様をもつ

　茶色の翅に淡いピンクと白色のラインが入るシンジュサン。前翅にも後翅にも三日月紋様が入り、古くは「ミツキムシ」とも呼ばれた。翅に比べて胴体は小さく、複雑な模様が入る。蛾は屋根のように翅先を下げてとまるものが多いが、シンジュサンは翅先を上げたままとまる。翅の茶色はひと言で表すと茶色なのだが、内側から外側にグラデーションをかけてだんだんと濃くなっている。ピンクのラインの外側は同じ茶色でも、彩度が高めの黄味がかった茶色に濃いこげ茶色の粒子が砂嵐のように載る。作るときにはそんな繊細な表現にも気を配り、できる限り再現したいと思っている。

　シンジュサンの幼虫は淡い緑色に黒いまだら模様と水色の突起がたくさんついたかわいらしい芋虫だ。広食性でニワウルシ（シンジュ）、カラスザンショウ、クロガネモチなどにつく。名前の「シンジュ」は樗（ニワウルシ）の葉を食べることから名づけられたと考えられている。

　シンジュサンは一般的に野蚕として活用されていないが、シンジュサンによく似たインド原産のエリサン（ヒマサン）はカイコ同様、古くから糸をとるためにインドや中国などを中心に飼育されてきた。エリサンの成虫はシンジュサンに比べて体は小さく、胴体が白い。幼虫は白っぽい色で突起があり、黒い斑点模様が入る。エリサンの繭からとれる繊維は、柔らかくふかふかしていて、とても肌触りがよい。

Attacus atlas

ヨナグニサン
与那国蚕

チョウ目ヤママユガ科 【開張】180〜200mm 【分布】石垣島、西表島、与那国島 【時期】6〜8月 【寄主植物】キールンカンコノキ、アカギ、モクタチバナなど（幼虫）

巨人アトラスの名をもつ日本最大の蛾

　開張（翅を開いたときの左右間の長さ）は最大で約20cmもある日本最大の蛾である。日本では沖縄県の石垣島、西表島、与那国島にのみ生息。与那国島の方言では「アヤミハビル」と呼ばれており、沖縄県の天然記念物に指定されている。

　全体的に柘榴色をしており、三角錐のような形の紋の部分は鱗粉がなく透け紋になっている。翅の縁には型染めしたようなデザインの模様が入り、まるで民族衣装をまとっているみたいだ。前翅の先は蛇のような形と模様で、台湾では「蛇頭蛾」と呼ばれているそうだ。英語では学名と同様にAtlas mothと呼ばれ、巨人アトラスの名がつけられている。

　私にとってヨナグニサンは、龍や鳳凰といった空想上の生き物に近い存在だ。南の島に生息するという情報だけ知っている生き物なのだ。いつか会ってみたいが、なんだか恐れ多いような気もしている。

　もちろん、幼虫も大きい。粉を吹いたようなマットな質感で、背中にはビラビラとした突起がついている。体長はなんと約10cmもある。夢のような大きさだ。いつか糞だけでもいい、手に乗せて、その大きさを実感してみたい。

　蛾はヨナグニサンのような大きなものもいれば、5mmにも満たないモグリチビガのような小さなものもいる。蛾の仲間は日本だけでも6000種以上いて、実に多種多様な個性をもつのである。

Arna pseudoconspersa

チャドクガ
茶毒蛾

チョウ目ドクガ科 【開張】24〜35mm 【分布】本州、四国、九州、対馬
【時期】7〜10月 【寄主植物】サザンカ、ツバキ、チャノキなど(幼虫)

幼虫の毒針毛(どくしんもう)が炎症の原因!

蛾にはすべて毒があると思っている人もいるようだ。しかし、実際に触ると人に害を与えるような蛾は、全体のほんのわずか。日本に生息する蛾は6000種以上いるが、触ってかぶれる蛾(成虫と幼虫)はドクガ科やイラガ科の一部など、約30種弱だ。チャドクガはその少ない蛾のひとつなのだが、じつは成虫自身には毒はない。毒があるのは幼虫に生えている長さ0.1mm程度の見えないような毒針毛。幼虫の毒針毛が抜けたものを蛹にも成虫の腹部の先端にもつけているため、幼虫も蛹も成虫も触ると炎症を起こしてしまうのだ。

幼虫は、黄色に黒のまだら模様が入る毛虫で、若いうちは集団で生活し、サザンカやツバキなどの葉を食べる。公園や庭に植えられていることが多いため、幼虫が出現する春から初夏と、晩夏から秋のシーズンは注意が必要だ。ほかにもドクガ、モンシロドクガ、ゴマフリドクガなどは触ると炎症を起こすので要注意。これらの幼虫はさまざまな草木を食べ、よく公園などに植わっているサクラにもついていることがあるのでお気をつけを。ちなみに名前に「ドクガ」とついていても、ドクガの仲間すべてが毒をもっているわけではない。

万が一、毒針毛に触れてしまったら、見えない毒針毛が刺された部分に残っている可能性があるので、粘着テープで取り除いた後、流水で流すとよい。その後、炎症がひどい場合は皮膚科を受診することをおすすめする。手についた毒針毛が広がってしまうことがあるので、かゆくてもかかないことが大切だ。

Thyas juno

ムクゲコノハ
尨毛木葉

チョウ目ヤガ科
【開張】85〜90mm 【分布】北海道、本州、伊豆諸島、四国、九州、対馬、南西諸島
【時期】4〜11月 【寄主植物】コナラ、クヌギ、クリ、オニグルミ、サワグルミなど(幼虫)

果実を食害する蛾を通して考える「害虫」の概念

　前翅はシックな色合いだが、後翅は鮮やかなオレンジ色と黒のツートーンカラーで、内側の黒い部分にはネオンで描いたようなブルーの模様が入る。裏側のパステルカラーのオレンジ色が美しい。もりっと肩パッドを入れたような形の翅の前側も特徴的だ。

　ムクゲコノハは木の樹液のほか、イチジク、ミカン、ナシ、リンゴなどに口吻を突き刺して果汁を吸う。果実はその部分から傷むため、果樹園では迷惑な存在だ。

　この世には「害虫」という虫はいない。「害虫」には主語が抜けていて、誰かにとって害がある虫という意味だ。ムクゲコノハは果樹園のオーナーにとってはたしかに害虫だが、私にとっては害虫ではない。クロゴキブリも侵入される家の人にとっては害虫だが、そうでない人にとっては害虫ではない。経済活動に支障をきたす場合は人の人生が関わることもあるのだから、たしかに大問題であるし、駆除対象になることがあるのも理解できる。しかし、何にとって害があるのか考えないまま、殺してしまうのには賛同できない。

　「不快害虫」という言葉もある。つまり人にとって存在が不快である害虫ということなのだけれど、すごく嫌な概念だと思う。虫が苦手な人がいるのは理解できるが、身近な生き物を不快であるというだけで抹消するのには違和感がある。人にとってもその他の多くの生き物にとっても、地球が過ごしやすい環境になることを祈っている。

Saturnia pavonia

ヒメクジャクヤママユ

姫孔雀山繭

チョウ目ヤママユガ科【開張】45〜70mm【分布】ヨーロッパ
【時期】4〜6月【寄主植物】ギョリュウモドキ（カルーナ、ヘザー）、キイチゴなど（幼虫）

ヘッセ『少年の日の思い出』に登場する魅惑の蛾

　作った蛾ブローチを展示などで売っているとき、何度も「エーミールだ！」という声を聞くことがあった。ヘルマン・ヘッセ作『少年の日の思い出』の小説の中にその答えがある。

　その小説は長い間、中学校の国語教科書のいくつかに掲載されていた。小説には蛾や蝶を採集する少年たちが登場する。エーミール少年もそのうちのひとりだ。彼は珍しいクジャクヤママユの繭を手に入れ、羽化させることに成功する。そのクジャクヤママユの標本をめぐっての物語なのだが、気になる人はぜひ読んでほしい。思春期の繊細な心をえぐるようにして、その物語は根深く記憶に残る。それゆえに蛾の作品を見て「エーミール」が連想されたのだと思う。

　クジャクヤママユの仲間は英語でEmperor mothと呼ばれ、ヨーロッパに生息し、小型、中型、大型のものがいるという。今回は小型のヒメクジャクヤママユを制作した。雄と雌で色味が異なり、雄の後翅はまるでジャック・オー・ランタンのような色と模様である。眼状紋は、白と黒の比率が人間の眼に似ているところもおもしろい。ちなみに大型のオオクジャクヤママユは、ファーブル昆虫記にも登場する。

　『少年の日の思い出』の舞台はドイツだが、ドイツでは蝶と蛾を区別しないそうだ。日本ではなぜか蝶に比べて蛾は悪いイメージをもたれがちな気がする。その先入観は、一体どこからやってきたのだろうか。

Argema mittrei

マダガスカルオナガヤママユ
馬達加斯加島尾長山繭

【チョウ目ヤママユガ科】【開張】150〜200mm 【分布】マダガスカル
【時期】ほぼ周年【寄主植物】クノニア科の一種、フトモモ科の一種など（幼虫）

銀色に輝く繭を作る異国の蛾

　マダガスカルに生息する蛾で、黄色い大きな翅ととても長い後翅の尾がドレッシーで美しい。英語ではComet mothと呼ばれ、彗星という意味。近年、マダガスカルでは伐採や農業目的の野焼きなどによる森林の減少が著しく、マダガスカルオナガヤママユもどんどん数を減らしているようだ。

　マダガスカルオナガヤママユは、銀色に輝く繭を作る。現在はまだ繊維としての活用はされていないが、繭からは光沢感のある美しい太めの糸をつむぐことができ、ウールのような性質をもつため、素材として注目されているようである。

　一方、黄金の繭を作ることで知られているクリキュラは、東南アジアに生息している。もともとはマンゴーやアボカドなどを食害するため、現地でも害虫として扱われていた。しかし、研究の結果、黄金の繭から光沢のある美しい糸がとれるようになった。そのため、東南アジアの黄金のシルクとして注目を集め、現地での養蚕農家も増えているという。タイなどではシルクが商品化されているそうだ。

　人の都合で害虫益虫とするのは不服だが、利益があることで保護されることがあるのもたしかだ。マダガスカルオナガヤママユもクリキュラのように現地の人とよい関係性ができ、シルクを生産することで富を生み、寄主植物が豊富な森林の保護へとつながるような双方に利益のある環境が整うことを心から祈っている。

「人類と蛾の関わり」

　カイコが人類と共に歩み、日本を豊かにしてくれた蛾であることは本章でも述べられている。こういった絹糸を生む蛾の存在は日本人にとって欠かせないものであった。しかし現代の日本において蛾は「害虫」とされていることが多い。本書でも毒毛をもつチャドクガや果実に被害を与えるムクゲコノハに触れているが、ほかにも農作物を食い荒らすヨトウガやカブラヤガなど、害虫としての蛾は例をあげればきりがない。カイコのように人の生活に欠かせない蛾がいる反面、こういった「実害」のある蛾は人類が安寧に暮らしていくことを阻害する存在として駆除され続けている。陰も陽も取り混ぜ、我々の生活は恩恵も被害も蛾と関わりが深い。そう、我々は今日も誰かが蛾をコントロールしている恩恵を受けて生活しているのである。

＊

　しかし、蛾は人類に利用・駆除されるために生きているのではない。甚大な被害を与えられながらも人類はただ見守り、時が過ぎるのを待つしかない。そんな蛾が日本にもいる。
　その蛾の和名はマイマイガ（舞々蛾）という。北海道から九州まで生息し、都市近郊にも生息する一般的な蛾である。出現時期は盛夏の前くらいか。雄の顔はよく見るとウサギの耳のような触角でひじょうにかわいらしく、雌はふわふわでもこもこ。これまたぬいぐるみのような愛くるしい蛾なのだ。成虫になったらエサもとらず農作物への被害もない。そんな蛾がいかにして人類が制御しきれないほどの脅威をもたらすのだろうか。
　このマイマイガは、およそ10年に一度の周期で大発生する。ニュースで聞いたことはないだろうか。世にいう「マイマイガの大発生」である。大発生した地域では夜、尋常じゃない数の蛾が飛来するために灯りをつけることができない。私は一度、大発生をしている山中で、誤ってライトトラップ（灯りをつけて白幕を張り、蛾を集める採集方法）をしてしまった

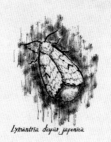
Lymantria dispar japonica

ことがあるが、1時間もしないうちに設置した幕がマイマイガに覆いつくされて蛾の重みで倒れてしまった。街灯がある近隣の建物には大量の卵塊が産みつけられ、道路はマイマイガの死骸が山となる。翌年、山の木は大量の幼虫に食われ葉がなくなるが、発生が広範囲のため根絶に至るまでの農薬を使用できない。この大発生は2〜3年続き、増えすぎた幼虫がウイルスに感染し大量死することで終息する。人類はマイマイガの大発生に対してあまりに無力であり、ただただ大発生が終わるのを待つしかない。

　ちなみにマイマイガは学名を*Lymantria dispar*という。*Lymantria*は破壊者を意味する。こう書いてしまうと蛾はやっぱり厄介者、害虫じゃないかと思われるかもしれない。いや、たしかに私たち人間から見ればそうなのだろう。ただ、彼らは自分たちの生活サイクルを続けているだけで、結果、私たちへの被害につながっているのである。

　カイコは人間に都合がよいように作りかえられた蛾であるが、本来は人間に都合がよい生き物などいない。人間も環境の一部に過ぎない存在だということをマイマイガの大発生から私は学んだのである。

＊

　近年、蛾に対する印象が少しずつだがよいほうに向かっていると私は感じている。本書の著者、蛾売りおじさん氏に代表される蛾のすばらしさを広めていく若手らの地道な啓蒙活動の成果であろうと思う。それにつれ、かわいい、美しいなどという今まではほとんど見ることのなかった蛾に対する賛辞がネット上でもよく見られるようになった。本当にうれしく思う。

　しかし、蛾はかわいいだけではない。人類にとって厄介者の害虫という面も蛾を語る上では否定できない事実である。そういった側面を否定せず受け入れ、理解していくことが蛾という生き物の本質を楽しむための一歩であると思う。

＜飯森政宏＞

PART 2

季節の蛾

春には春の、
夏には夏の、
秋には秋の蛾がいる。
冬に出現する蛾だっている。
季節の移り変わりを
知らせてくれる蛾たち。
蛾はそんな風流な
生き物でもあるのだ。

Brahmaea japonica

イボタガ

水蠟蛾

チョウ目イボタガ科 【開張】85〜100mm 【分布】北海道、本州、四国、九州、屋久島 【時期】3〜5月 【寄主植物】イボタノキ、モクセイ、トネリコ、ネズミモチ、ヒイラギなど(幼虫)

複雑な模様が魅力的な春の三大蛾のひとつ

　まるでペルシャ織りの高級絨毯のような複雑な模様をもつ、大変美しい蛾である。下地のブラウンは光沢を帯び、アンティークゴールドのような輝きだ。その厳かな佇まいから、ついイボタ様と「様」をつけて呼んでしまう。作るときはひたすら「刺すべし！ 刺すべし！ 刺すべし！」と終わりを考えずに針を進めていく。刺繡の乱れは心の乱れである。蛾にもらった感動をそのまま針に反映していく。イボタガは、蛾を作りはじめた当初から作りたくてしかたない蛾であった。しかし、作るにはハードルも高い。翅の模様の複雑さもさることながら、胴体にも模様があるのだ。かつては胴体をフェイクファーで制作していたので、胴体の模様がネックとなった。その胴体の模様を再現するには、模様を自在に表現できる術が必須である。そこで、1本1本植毛するように刺す「起毛刺繡」を習得することになったのである。

　イボタガは、春を代表する蛾のひとつである。最近、蛾の愛好家たちの間では、イボタガ、エゾヨツメ、オオシモフリスズメの3種類を春の三大蛾と呼んでいる。毎年春になるとSNSのタイムラインに、南に住む人から順番にイボタガの目撃情報があがってくる。桜の開花前線のように"イボタガ前線"が北上していく。

　英語ではOwl mothと呼ぶ。なるほどたしかに模様が梟の顔に似ている。日本のイボタガは固有種(日本にしかいない)だが、海外にもイボタガの仲間はいる。日本のイボタガは丸みのあるシルエットがとてもかわいらしいと思う。

Cephonodes hylas

オオスカシバ
大透翅

チョウ目スズメガ科 【開張】50～70mm 【分布】北海道(偶産)、本州、四国、九州、対馬、南西諸島 【時期】6～9月 【寄主植物】クチナシ、コーヒーノキなど(幼虫)

羽化後、翅にまとった鱗粉を落として透明に変身

　鶯色、芥子色、ワインレッドの秋色カラーがモダンで、活発な印象の蛾だ。透明な翅で、ブブブッとホバリングをしながらハチドリのように花の蜜を吸う。吸い込まれるようなグレーがかった眼も魅力的。じつは、羽化したての翅は透明ではなく、白い鱗粉がついている。羽化後、翅をふるわせると鱗粉が落ちて透明になる構造なのだ。これは、進化の過程上、いったんできあがった「鱗粉を生やす」という段階をなくすことが難しいのではないかという説もある。幼虫の寄主植物はクチナシなどで、街中でもよく見かける。とても飛ぶのがうまく、散歩中に見つけても次の瞬間にはシュンッと消え、いつの間にか2～3m先にいたりする。まるで瞬間移動しているかのようだ。初夏から夏にかけて発生する蛾は多いが、私は毎年、オオスカシバに出会うと夏がやってきたなあと感じる。

　下心もあって、クチナシの鉢をベランダで育てていたことがある。あるとき、洗濯物を干しながらふとクチナシを見ると、葉っぱがなくなり丸裸になっていた。いつの間にかオオスカシバの幼虫がついていたのだ。そのときの鉢だけでは足りないと確信し、あわててクチナシの鉢を増やした。オオスカシバの幼虫といえば水色がかったグリーンが美しい姿を想像するのだが、我が家のクチナシについた幼虫は朱色と黒色の模様が毒々しくも魅惑的な姿の終齢幼虫になった。後に、オオスカシバの幼虫は飼育個体数の密度によって黒色化することを蛾の研究をしていた大学生から教わった。

Acherontia lachesis

クロメンガタスズメ
黒面形雀

チョウ目スズメガ科 【開張】85〜125mm 【分布】本州、四国、九州、南西諸島、小笠原 【時期】7〜8月 【寄主植物】チョウセンアサガオ、ナス、トマト、タバコ、ゴマなど(幼虫)

ドクロの顔を背負ったスズメガはヂヂヂと鳴いた

　日本にはドクロマークを背負ったスズメガが2種類いる。メンガタスズメとクロメンガタスズメだ。グレー、黒、黄の色の組み合わせがスタイリッシュでカッコイイ。胴のあたりの模様には、そこはかとなくゲゲゲの鬼太郎を感じる。

　映画『羊たちの沈黙』では、ヨーロッパに生息するヨーロッパメンガタスズメがキービジュアルになっている。メンガタスズメに限らず夜に活動する蛾は、怪しげな雰囲気を演出するのに一役買うためか、ホラー映画やサスペンス小説の装画にも登場することがある。

　クロメンガタスズメは、相手を威嚇するとき「ヂヂヂ」と鳴く。成虫だけでなく幼虫も「チッチッチッ」とガスコンロをひねったときのような音を発して威嚇する。蛾が音を出して鳴くなんて！　このことを知ったとき頭に浮かんだのは「夜雀」であった。夜雀は夜中に「チッチッチッ」と鳴きながら人についてくるとされる鳥の妖怪だ。クロメンガタスズメのほかにも、春に出現するオオシモフリスズメは「ギュイギュイ」鳴いて敵を威嚇する。幽霊の正体見たり枯れ尾花ではないが、名前の通りスズメのような蛾であることもふまえると、夜雀の正体がこれらのスズメガである可能性があるのではなかろうかと勝手に思っている。

　もともと南方系の蛾なのだが、どんどん発生地が北上して広がっている。道端に生えるチョウセンアサガオが寄主植物のひとつであるためか、住宅街でも出会うことができる。

Arctia caja

ヒトリガ
火取蛾/灯盗蛾

チョウ目ヒトリガ科 【開張】55～80mm 【分布】北海道、本州
【時期】8～9月 **【寄主植物】**スグリ、ニワトコ、クワ、アサ、オオバコなど（幼虫）

人工の光に惑わされる蛾を見て思うこと

　夏に出現するアニマル模様の翅がおしゃれな蛾。それも、柄on柄という難易度の高いおしゃれっぷりだ。幼虫はタワシのような茶色い毛がふさふさ生えた毛虫で「クマケムシ」とも呼ばれ、初夏になると地面をムクムク歩き回るが、その速度は意外と早い。クマケムシを守るために「飛び出し注意」の看板を立てておきたいくらいである。

　英語ではGarden tiger mothと呼ばれ、日本以外にも朝鮮半島からヨーロッパ、北アメリカにも生息している。同じヒトリガでも模様の個体差があり、斑点模様の比率や後翅の色味が多少異なる。さらに、地域による特色もあるようだ。

　ヒトリガは漢字で「火取蛾」と書く。夜行性の蛾はだいたいそうなのだが、飛んで火に入る夏の虫のごとく、光に対して集まる習性から名づけられたようだ。じつは蛾たちは光が好きで集まっているのではない。本能に逆らうすべもなく光に惑わされているだけなのだ。しかし、その本能のおかげで我々は光に集う蛾を観察することができるというわけだ。

　学生時代はよく蛾に会うためにコンビニをハシゴしていた。しかし、最近はコンビニや街灯などの明かりがLEDに変わったことで、虫が集まりにくくなった。最近まで、蛾に出会える機会が減ったことを嘆いていたのだが、今は蛾たちが人工の光に惑わされることなく、心穏やかに過ごすことができるなら、それに越したことはないと思うようになった。

Catocala fraxini

ムラサキシタバ
紫下翅

チョウ目ヤガ科【開張】90～105mm【分布】北海道、本州、四国、対馬、九州
【時期】8～10月【寄主植物】ポプラ、ヤマナラシなど(幼虫)

世界に愛好家が多いカトカラの仲間で、翅の縁はフリルのよう

　砂絵のようなシックな前翅と上品なブルーの後翅が美しい蛾。翅の縁は波打つ模様で、翅の外縁に生える白い毛(縁毛)もその波模様に沿って生えるため、フリルのように見える。翅の裏側は白を基調とし、黒の太めのラインが入る。翅の表も裏も美しいので、どちらも表現したいという気持ちを抑えきれず、表を刺してから表に響かないように裏を刺繍していく「表裏刺繍」の技術を習得するきっかけとなった蛾である。

　シタバガは、ムラサキシタバのほかにもベニシタバ、キシタバ、シロシタバなどがいる。後翅の色によって名前がつけられており、どれも美しい。シタバガの仲間は*Catocala*属なので、蛾が好きな人たちの間では「カトカラ」と呼ばれ親しまれている。カトカラは日本には約30種、世界では約260種が生息し、世界中に愛好家がいるそうだ。

　ムラサキシタバは8～10月、夏の終わりから秋のはじめにかけて出現し、成虫は樹液などを吸う。山間部で見られ、街中では見ることができない。東アジアからヨーロッパにも生息し、エミール・ガレの作品にもムラサキシタバをモチーフにしたものがある。

　カトカラの仲間は、普段は鮮やかな後翅を隠してとまる。身の危険を感じるとパッと前翅を開いて鮮やかな後翅を見せ、相手を威嚇する。前翅の砂絵模様は樹皮になじむ模様のため、樹にとまるとなかなか見つけづらい。何もいないと思っていた場所で、急に鮮やかな色が目の前にパッと現れたら、補食者である鳥はびっくりすることだろう。

Rhodinia fugax

ウスタビガ

薄手火蛾／薄足袋蛾

チョウ目ヤママユガ科 【開張】80〜110mm 【分布】北海道、本州、四国、九州
【時期】10〜11月 【寄主植物】カエデ、クヌギ、コナラ、カシワ、サクラ、ケヤキなど（幼虫）

すりガラスがはめ込まれたような透かし紋をもつ

　10〜11月に出現し、晩秋を知らせてくれる蛾だ。雌は黄色、雄は黄色がかったものから燃えるように赤みがかったものまで個体差がある。眼状紋の部分は透かし紋になっていて、すりガラスがはめ込まれているかのようだ。

　蛾を制作するときは雄が多い。なぜなら雄のほうが翅の形にキレがあるものが多く色味も鮮やかで、うさ耳のような櫛形触角のものも多いからである。しかし、雌も翅の形に丸みがあったり、腹もまん丸でかわいらしいので、本当は雌雄どちらも作りたい。

　秋以降、少し肌寒い時期に出現する蛾は、暖かい時期に出現する蛾に比較して毛深いものが多いように感じる。ウスタビガの雌は卵を腹に蓄えていることもあり、黄色い毛玉のような胴体をしており、それがまた愛おしい。

　終齢の幼虫は鮮やかなライトグリーンで、水色のボツボツ模様がまたおしゃれだ。威嚇するとネズミのように「キューッ」と鳴く。まるで鳴き笛が入ったぬいぐるみのようである。

　緑色の繭はポシェットみたい。入り口は縦にばっくり開き、下部には雨水を逃がすための穴がある。「ヤマカマス」とも呼ばれるが、叺とはワラを編んで作った筵をふたつ折りにして両側を結んだ袋状のもので、穀物などを運ぶのに使ったという。葉がすべて落ちてしまった枝にこの繭がついているのを見ると、木の実がなっているように見える。

Saturnia jonasii

ヒメヤママユ
姫山繭

チョウ目ヤママユガ科【開張】85〜105mm【分布】北海道、本州、四国、九州、対馬、屋久島【時期】10〜11月【寄主植物】サンゴジュ、サクラ、クヌギ、カエデなど（幼虫）

ヤママユの仲間でも翅の眼状紋はいろいろ

　秋に出現する蛾で、オリーブ色と淡いピンク色の翅、チョコレートブラウンの背中の毛と胴体が特徴的。翅は毛深く、胴体に近い部分がもふもふしている。

　ヒメヤママユの眼状紋は、少し楕円形でコーヒー豆のような形だ。ヤママユの仲間は翅に眼状紋をもつものが多いが、いろいろな眼状紋がある。ヤママユとウスタビガの眼状紋はまん丸で中央は鱗粉がなくて透けている。クスサンは前翅の眼状紋はほぼ消失し、後翅は黒眼が大きく主張の激しい眼状紋だ。クロウスタビガはウスタビガによく似ているが、透け紋がハート型。南方系のハグルマヤママユは二重丸のような眼状紋だ。そして、エゾヨツメの眼状紋はブルーにきらめき、中に白くTを描いたようになっている。海外に生息するマダガスカルオナガヤママユの眼状紋は黒眼部分が点で、マダガスカルに生息するキツネザルの仲間の眼によく似ていると思う。ヒメヤママユの楕円形の眼状紋も正面から見た鳥の顔のようにも見える。眼状紋を眼としてとらえると、翅の模様はその眼を彩るために化粧をしているかのようだ。

　ヒメヤママユの幼虫は、春の終わりから初夏に発生する。若齢のときは緑の体に黒の太めの縦ラインが背中に入る。終齢になると、薄いグリーンでツンツンと短い毛が生えた、丸みのあるシルエットがかわいらしい毛虫へと成長する。

Pryeria sinica

ミノウスバ
蓑薄翅

【チョウ目マダラガ科】【開張】20〜33mm 【分布】北海道、本州、四国、九州、対馬
【時期】10〜11月【寄主植物】マサキ、ニシキギ、マユミ、コマユミ、ツルウメモドキ（幼虫）

生垣などのマサキを食草とする昼行性の蛾

　秋に出現するオレンジ色の小さな妖精。胴体はふさふさしたオレンジ色と黒の毛が生えていて、翅は透明で根元部分はマットな白。昼行性の蛾で、明るいうちに活動する。幼虫は黄色の体に縦のボーダーラインが入るもちもちとした芋虫で、生垣によく植えられているマサキなどの葉を集団で食べるので、出会うことも多いはずだ。成虫の尻には長めの毛がふさっと生え、雌が卵を産むとその毛が被さって卵が見えにくくなるという仕組みだ。

　ミノウスバはマダラガ科の蛾だが、同じマダラガ科にウスバツバメガという蛾がいる。ウスバツバメガも秋に出現する昼行性の蛾で、アゲハチョウのようなシルエットに、白いオーガンジーを思わせる透け感のある翅に墨を流したような翅脈のラインが入る美しい蛾だ。幼虫はミノウスバとよく似ていて、関西ではサクラなどの樹木で見ることができる。

　数年前、早朝に散歩をしていたとき、朝の光を浴びながら無数のウスバツバメガが舞うのに出会った。とても幻想的で夢のような光景だった。その後、木の幹と幹の間に隠すように産卵するウスバツバメガを見て感心した。

　オオスカシバは葉っぱ1枚1枚の裏にていねいに1粒ずつ産みつけていたし、ヤママユは同じ場所にひとまとめに産む。コウモリガは飛びながらポロポロと大量の卵を産み落とすという。産卵にもさまざまな個性があっておもしろい。

Operophtera rectipostmediana

イチモジフユナミシャク
一文字冬波尺

チョウ目シャクガ科【開張】26〜34mm(雄)、8〜10mm(雌)【分布】本州、九州【時期】11〜1月【寄主植物】サクラ、リンゴ、ハルニレ、ケヤキなど(幼虫)

雌は翅を退化させ、フェロモンで雄を呼ぶ

冬、多くの虫たちは春の暖かい陽射しに焦がれながら、長い眠りへと入る。蛾の多くも例外ではない。しかし、蛾にはシーズンオフがない。冬には冬の蛾がいるのだ。

そのことを知ったとき、蛾の多様性の一部を垣間見た気がして胸が高鳴った。最も代表的な冬の蛾は、その名も「フユシャク」という。フユシャクの仲間は秋から冬にかけての寒い時期に出現する。イチモジフユナミシャクもそのひとつだ。本書の刺繍のイチモジフユナミシャクは雌。イチモジフユナミシャクの雌の翅は退化し、ミントグリーンのリボンのようでかわいいが、飛ぶことはできない。雄はまったく異なる外見で、ベージュ色の三角形の大きな翅をもっている。雌はフェロモンを出して雄に来てもらうため、長距離を移動する必要がないのだろう。ちなみにウスタビガの雌は、羽化後、移動することなく繭の上からフェロモンを出して雄を呼び、そのまま自分が羽化した繭に産卵するものもいる。

雌はその場からあまり動くことなく子孫を残せるとはいえ、なんと潔い進化を選んだのだろうか。フユシャクの仲間は種類によって翅の退化具合が異なり、まったく翅をもたないものもいる。このことを知らずにその虫を見たら、誰も蛾だとは思わないかもしれない。

フユシャクの仲間ではないが、幼虫がミノムシであるオオミノガなどの雌は、翅どころか脚ももたない。蓑の中からフェロモンを出して雄に来てもらい交尾し、蓑内で産卵するというから驚きだ。ちなみに、日本にはフユハマキという冬の蛾もいる。

「蛾で感じる日本の四季」

　蛾という生物は1年中見ることができる。東京近辺であれば元日から大晦日まで365日いつでも蛾に会うことができる。しかも季節それぞれで見られる種が違い、出現する蛾を見ることで季節のうつろいを肌で感じることができるのだ。蛾を深く知れば知るほど季節が細かくうつろいでいくことを感じることができるだろう。

　春、厳しい寒さが少しだけゆるむ頃、寂しかった街灯の下に特異な形状をした蛾が現れる。和名をオカモトトゲエダシャク（岡本棘枝尺）といい、春の短い期間にだけ出現する（右ページイラスト）。都市近郊でも見られる普通種だが、蛾を嗜む人たちにとってはスプリングエフェメラル（春の妖精）である。その一見、蛾に見えないTの字形をした姿を目にしたとき、今年もまた1年が巡りはじめたことを実感する。蛾は1年中見られる、と冒頭で述べたものの、やはり真冬に見られる蛾というのは数も種類も少なく、寂しさは否めない。しかしこのオカモトトゲエダシャクを皮切りに、見られる蛾の数は日を重ねるにつれて飛躍的に増えていく。あの蛾に会いたいな、あそこに行けば見られるかな。今週末は行けるかな。そんな想いが頭の中を巡りはじめる。まさに1年の蛾暦がはじまることを意味する蛾なのだ。

＊

　もちろんすべての蛾に季節感があるわけではない。マエアカスカシノメイガという蛾は、東京近辺であれば365日見られると思う（実際に365日確認したわけではないが……）。ある年は元日から見ることができた。真夏にもいる。春にも秋にもいる。1個体の寿命は長くはないので、子孫をつなげつつ1年間私たちの前に姿を見せてくれているのだろう。

　ほかにも春と夏に出る種、春と秋に出る種も多い。多化性と呼ばれ、春から1化、2化と数えていく。PART 1で紹介されているオオミズアオは春と夏に現れる。春と夏では色合いや大きさが違い、春型夏型と呼ばれる。こんなところでも季節を感じることができるのだ。

Apochima juglansiaria

　さて、蛾で季節を語る際にはずしてはいけないのが冬の蛾である。成虫で冬を越す昆虫は意外と多く、コクワガタやキタテハ、ナミテントウなど、なじみのある虫たちが成虫で越冬している。しかし、ご存知の通りこういった種は春から秋にも見ることができる。あくまで冬は休眠期間で、実際に活動するのは暖かくなってからである。
　ところが冬に成虫となり冬だけ活動して生涯を終える昆虫、というとその数は極端に少なくなる。セッケイカワゲラやクモガタガガンボといった種があげられるが、やはり有名なのは「フユシャク」である。
　フユシャクとは「冬に成虫が出現する、雌の翅が退化したシャクガ科の総称」であり、フユシャク、という種がいるわけではない。本章でも紹介されているイチモジフユナミシャクを見てもらえば一目瞭然だが、雌はおよそ蛾とは思えない姿形をしている。ある冬の夜、身を切る寒い森の中でフユシャクの恋物語を垣間見たときに私の心は完全に奪われてしまった。それ以来、冬に観察することに楽しみを覚えた。はからずも自らが厳冬期に活動する種になってしまったのだ。
　タイトルに「四季」と書いてはみたが、蛾は成虫になってからの寿命が短い種が多い。摂食をしない種も多いため、短いと2週間ほどでその蛾は姿を消してしまう。長く生きるものは半年ほど生きるが、春の蛾だからといって春の間にずっと見られるわけではないのだ。今日見た蛾が来週同じ場所で見られるとは限らない、とても儚い出会いである。そう考えると季節で蛾を語るには、四季では力不足感が否めない。夏至や立冬、啓蟄などの1年を24の季節に分けた二十四節気が妥当かもしれない。
　南北に長い日本列島、それぞれ蛾の季節が違う。みなさんもご自分がお住まいの地域で二十四節気それぞれの蛾を探してみてはいかがだろうか。　　　＜飯森政宏＞

PART

擬態する蛾

枯葉、枝、蝶、蜂と、
いろいろなものに擬態して
捕食者の目を欺く蛾たち。
蛾は長い時間をかけて
捕食者から身を守るように
進化してきた。
まるで芸術のような
見事な表現に感服する。

Eudocima tyrannus

アケビコノハ
通草木葉

チョウ目ヤガ科　【開張】95〜100mm　【分布】北海道、本州、四国、九州、対馬、南西諸島　【時期】5〜10月　【寄主植物】アケビ、ムベ、ミツバアケビ、ヒイラギナンテンなど（幼虫）

乾燥しきっていない枯葉に似せた前翅

　枯葉のような前翅が特徴的で、それと対照的に後翅はオレンジがかった黄色が鮮やかだ。じつは前翅も裏から見ると鮮やかな黄色で、フリーハンドで書いたような太めの黒いラインがある。口器の一部（下唇鬚）がよく発達しているため、カブトムシの角のようにも見える。枯葉に擬態する蛾を作るときは、たくさん枯葉を拾ってくる。そして「枯葉はなぜ枯葉に見えるのか？」についてじっくり考える。ひと口に枯葉といっても、木の種類や乾燥具合によって雰囲気はいろいろだ。アケビコノハの演じる枯葉は、まだ乾燥しきっていない、少し緑色だった頃の名残が残る枯葉。手で握っても気持ちよくパリパリッと粉々になるのではなく、うにょりと、やや繊維が残ったまま折れ曲がる、少しもどかしい気持ちになる枯葉だ。アケビコノハの枯葉は、茶色の中に緑の鱗粉が入ることで、その様子が表現されているのだ。

　前翅のまん中を横切る線は、葉の中央脈（葉脈のまん中の脈）となり、翅脈に沿うように描かれた線は側脈（中央脈から枝分かれした葉脈）となる。翅の先は枯葉をなぞったような絶妙な曲線を描き、胴体に接する部分はややえぐれ、枯葉が波打っている様と酷似している。前述した下唇鬚は、葉を枝につなぐ柄の役割も果たしているのだ。

　12月のある日、帰宅途中の道端にアケビコノハがいた。アケビコノハは成虫のまま冬を越す。その前日、少し陽射しが暖かかったので、間違えて表へ出てきてしまったのかもしれない。

Uropyia meticulodina

ムラサキシャチホコ
紫鯱鉾

チョウ目シャチホコガ科【開張】48〜60mm【分布】北海道、本州、四国、九州、対馬【時期】4〜9月【寄主植物】オニグルミなど(幼虫)

枯葉が丸まる様子を翅に克明に描写した3Dアーティスト

　知る人ぞ知る3Dアートの名手である。平面である翅に枯葉がくるりと丸まる様子を克明に描写している。素晴らしいデッサン力だ。美大にだって合格できるだろうとSNSで話題になっていたこともある。ムラサキシャチホコと同じく枯葉に擬態する蛾には、アケビコノハやエグリバの仲間がいるが、通常は翅をそのまま枯葉に見立てるものが多い。しかし、ムラサキシャチホコは、翅に枯葉を立体的に描き出そうとしたところがすごい。さらに、パリッとしっかり乾燥した枯葉の質感までよく表現されている。ちなみに東南アジアのカレハガ、*Paralebeda*属も、3Dっぽい斑紋が魅力的だ。

　作品を作るときは自分のデッサン力を試されるようで少々緊張したが、手前へと出てくるように見える光の表現、奥行きを感じる紫がかった茶色のグラデーション、絶妙な葉脈の曲線、反射光の表現、それらをなぞることで結果として立体表現を学ばせてもらうことになった。「ヒッコメーヒッコメー、デテコイデテコイ」と呪文のように唱えながら制作した。

　ムラサキシャチホコは自らが枯葉であることを自覚しているかのように翅をしっかりと閉じ、脚をキュッと体に沿わせてとまる。枯葉の中にとまれば、完全なる隠れみの術である。しかしながら、出現時期が4〜9月という青々とした緑があふれる季節であるためか、緑色の葉にとまる姿も散見される。「あの、そちらにとまるのは、もったいないですよ」とつい助言したくなる。

Biston robustus

トビモンオオエダシャク
鳶紋大枝尺

【チョウ目シャクガ科】【開張】40〜75mm【分布】北海道、本州、四国、九州、対馬、南西諸島【時期】2〜5月【寄主植物】コナラ、クヌギ、ウメ、サクラなど（幼虫）

枝に擬態した幼虫は、じっと枝になりきっていた

　砂嵐のような翅に、ぽってりとしたお腹がかわいい蛾。成虫の翅は樹皮に絶妙になじむ模様なので、樹皮にとまっていると見つけるのは難度が高い。

　春、成虫のトビモンオオエダシャクは交尾の後、樹皮に芥子粒状の卵をたくさん産む。たまたま近所のサクラの木でトビモンオオエダシャクが産卵しているところに遭遇したことがある。私は卵をいくつか持ち帰り、さっそく飼育してみることにした。

　暖かい日、卵は小さな小さな幼虫へとふ化していた。「エダシャク」の名前が示すとおり幼虫は尺取虫で、ものさしで長さを測るように尺を取りながら前進する。ふ化したての小さな幼虫も小さいながら尺を取っていて微笑ましくなった。急いで寄主植物のひとつであるサクラの葉を摘みに行った。肉眼でも詳細な形が観察できるようになった頃、頭部にある猫耳状の角状突起もはっきりと現れ、体のテクスチャは見事に木肌のよう。サクラの葉をずっと与えていたためか、体からも糞からもサクラの香りがする。彼らは小枝に擬態する幼虫なので、ちょうどよい大きさの枝を飼育ケースに入れておいた。すると、一番後ろの脚（尾脚）でキュッと枝に捕まってピンッと背筋を伸ばす。その姿は枝そのもの。野外ではじっとしていれば捕食者に狙われにくいのだろうか、彼らは1日のほとんどを「私は枝です」とじーっと枝になりきって過ごしていた。まさに枝のプロである。新鮮なサクラの葉を入れてもすぐには食べず、恐る恐る慎重に食べる様子からもプロ意識を感じた。

Phalera assimilis

ツマキシャチホコ
褄黄鯱鉾

チョウ目シャチホコガ科 【開張】50〜60mm 【分布】北海道、本州、四国、九州、対馬 【時期】6〜8月 【寄主植物】コナラ、クヌギ、ミズナラなど(幼虫)

巧妙に小枝に擬態する成虫に感動

　幼虫が小枝に擬態するのは理解できるが、成虫なのに小枝に挑戦したのはすごいと思う。小枝に擬態する幼虫は生木の小枝に擬態するが、ツマキシャチホコは折れた小枝に擬態する。さぞかし細長い翅をしているのかと思いきや、翅を開くとほかのシャチホコガの仲間の翅のシルエットとほとんどかわらない。体に沿わせてやや丸みを帯びながら翅をたたみ、左右の翅を少し巻き込むことで小枝のような細長いシルエットを実現している。

　ツマキシャチホコを作るときは、折れた小枝をいくつか拾ってくる。いかにして小枝に見えるのか、じっと観察するのだ。円柱のシルエット、表面の濃いグレーの上から白みがかったグレーを淡く重ねたような色合い、表面の凸凹とした肌目、枝の折れ口部分を再現するさくれ立った質感……。とくに感動したのは、背毛だ(背中の毛には正式名称がないが、個人的に背毛と呼んでいる)。明るいベージュ色の毛の上に、コントラストを強めにしたチョコレート色、こげ茶色の毛を小枝の切り口に見えるようにうまく円に沿って配置している。また、小枝の端になる色味の背毛を、側面になるように配している点も見事としかいいようがない。毛であるため、木がささくれた繊維質感も出ている。触角を翅の下に収納し、脚もキュッと体に沿わせてとまるプロ意識もすばらしい、まさに枝プロだ。

　しかし、成虫は枝プロだが、幼虫はまったく枝になるつもりはないらしい。鮮やかな赤みがかったオレンジに黒の斑点模様が入ったビビッドな毛虫で、集団で生活している。

Daseochaeta viridis

ケンモンミドリキリガ

剣紋緑切蛾/剣紋緑冬夜蛾

【チョウ目ヤガ科】【開張】32〜40mm【分布】北海道、本州、四国、九州、屋久島、対馬
【時期】10〜11月【寄主植物】ヤマザクラ、チドリノキなど(幼虫)

チョコミント柄の蛾を見て、冒険者の情熱に思いを馳せる

　淡いミントグリーンに黒と白がモザイク模様のように入る、チョコミントのような模様が美しい蛾。ケンモンミドリキリガは、秋に出現し、地衣類の上にとまると見つけるのが難しい。
　キリガはもともと「切蛾」で、幼虫が樹木を食べる蛾のことを指していたが、最近では「冬夜蛾」と書き、秋から冬にかけての肌寒い季節に出現するヤガ科の蛾を指すことがある。なるほど、しんと張り詰めた空気を感じる趣のある名前だと思う。蛾の名前を調べるときは図鑑などを使うが、そこには膨大な数の蛾についての情報もあり、蛾屋さん(主に蛾を中心に採集、研究している人のこと)たちの蛾に対する情熱を感じ取れる。珍しい蛾を追い求める冒険譚や、幼虫の寄主植物を特定するための推理劇が繰り広げられている。図鑑に載っている情報は先人たちが培ってきた膨大なデータの集積なのだ。それを読むことができる私は幸せ者だ。蛾を作りはじめてから、蛾について調べたり、読んだり、見たり、会ったり、聞いたりして、私の世界はグンと広がった。蛾に限らず、図鑑の情報は誰かが情熱をかけて見つけ出した宝物なのだ。まだまだこの世の中はわからないことであふれている。そしてたくさんの知の冒険者たちが日々研鑽していることを想像すると、胸が熱くなる。
　ケンモンミドリキリガの名の「剣紋」は、剣を図案化した模様のこと。ケンモンと名前につく蛾はほかにもケンモンキリガ、キバラケンモン、ゴマケンモンなどがいる。いずれも黒のひし形模様を幾何学的に並べたカッコイイ翅をもっている。

Epicopeia hainesii

アゲハモドキ
揚羽擬

【チョウ目アゲハモドキガ科】【開張】55〜60mm **【分布】**北海道、本州、四国、九州
【時期】6月・8月 **【寄主植物】**ミズキ、クマノミズキ、ヤマボウシ、ヤマコウバシなど（幼虫）

体内に毒をもつジャコウアゲハに擬態

　擬態するにしても、なぜ蝶を選んだのか。もっと強そうな蜂などの生き物にすればよかったのに、と思う人もいるかもしれない。アゲハモドキはジャコウアゲハに擬態しているといわれている。一見するとよく似ているが、実際はジャコウアゲハに比べて体は小さく、触角も櫛形（メスは糸状）で、翅を広げてとまるため、すぐに見分けることができる。

　ジャコウアゲハは幼虫のときに毒性のあるウマノスズクサなどの葉を食べて育つ。この毒は成虫になっても体内に残るため、ジャコウアゲハを食べようとした鳥などの捕食者は中毒を起こしてしまうという。一度学習した捕食者は、次からはジャコウアゲハを避けるようになるため、その恩恵に預かろうと、アゲハモドキはジャコウアゲハの外見を真似て身を守ろうとしていると考えられる。

　擬態は捕食者が選んでいった結果なのだと聞いたことがある。想像を絶する時間の流れの中で選ばれた姿形なのだと思うと、気が遠くなる。

　私は普段、蝶を作ることがないので、とても新鮮な気持ちで制作した。グレーから黒へのグラデーションが、マウンテンゴリラのシルバーバックを彷彿とさせる美しさである。

　ちなみに成虫はジャコウアゲハに似ていても幼虫はまったく似ていない。白いふぁさふぁさとした毛くずのようなロウ物質を体にまとう不思議な姿をしている。

Scasiba scribai

コシアカスカシバ
腰赤透翅

チョウ目スカシバガ科　【開張】26～43mm　【分布】本州、九州
【時期】8～9月　【寄主植物】クヌギ、コナラ、シラカシ、クリなど(幼虫)

飛翔する様はキイロスズメバチに酷似

　コシアカスカシバの翅は透明で形も細長い。胴体は黒と黄の縞々で、一見すると蜂に見える。しかし、よくよく見てみると丸みを帯びた腹のラインや蜂に比べてあどけない顔はやはり蛾なのである。

　スズメバチって最強だな、と考えていたことがある。いかにも肉食な強い顎に毒針という武器をもち(ただし雄は毒針をもたない)、美しさと強さをあわせもつ生き物だ。そんな最強の生き物に擬態するのは自然の摂理なのかもしれない。まさに虎の威を借る狐だ。ほかの蛾を作るときは「ああ、お前さんはなんてかわいらしいのだ！」とつぶやきながら制作するが、コシアカスカシバを制作するときは「お前さんは最強なんだ！　蜂なんだ！」と唱えながら作る。

　スカシバガの仲間にはスズメバチ以外にもアシナガバチやドロバチに擬態しているものもいる。ほかにも姿形がそっくりなわけではないが、花蜂が脚に花粉を集めている状態に似ているオオモモブトスカシバという蛾もいる。脚の一部の毛をフサフサと密集させて生やすことで脚についた花粉を再現する。まん丸フォルムにもふもふの毛が生えた大変かわいい蛾だ。コシアカスカシバの幼虫はブナ科クルミ科の樹皮下に小部屋を作って樹液に埋まって成長するという。そして、糞をするときには樹皮に穴を開けて糞を外に出す。その穴から樹液が滲み出てカブトムシなどの樹液を食す虫たちの集いの場となるそうだ。

Amata fortunei

カノコガ
鹿子蛾

チョウ目ヒトリガ科 【開張】30〜37mm 【分布】北海道、本州、四国、九州、対馬 【時期】6〜9月 【寄主】タンポポなどのしおれた葉・枯葉、動物質(幼虫)

鱗粉がなく透けた模様から落ちる影が美しい

　黒い胴体に2本の黄色いラインが入るカノコガは翅の鹿子模様が名前の由来だが、体の特徴はドロバチの仲間に似ている。

　翅には黒地に白い模様が入るのだが、白い部分は鱗粉がなく透けているため、落ちる影がまた美しい。本書でも影にこだわって撮影したので、ぜひ影を楽しんでいただきたい。

　指で翅を触ると黒い鱗粉が模様のまま転写されるため、ハンコチョウと呼ぶ人もいるという。蛾の翅は透明な翅に鱗粉が載ることで、その模様を描き出している。鱗粉は落ちやすく、パタパタと羽ばたいただけでも、その場にはキラキラした鱗粉が落ちている。蛾の鱗粉には毒があると思っている人もいるようだが、鱗粉に毒がある種類はいない。ただ、鱗粉でハウスダスト症候群などの症状が出る人もいるので要注意。鱗粉は蛾が防護のためにも体にまとっているので、触る際は蛾にやさしい触りかたを心がけてほしい。

　カノコガは昼行性で、早朝から活動し、花の蜜を吸ったり配偶行動を行う。ゆるやかに花の周りを飛ぶ姿はとてもかわいらしい。公園や空き地などにもいるので探してみてほしい。

　ある雨の日、細長い葉の下にとまるカノコガに出会った。雨粒が葉を直撃するたび、葉は大きく揺れて、彼の足元はおぼつかなくなる。私の指先ほどのカノコガから見れば雨粒ひと粒ひと粒が大きな水の塊なのだ。カノコガの視点から見れば、世界は一層のこと広大なのだと感じた。

Amata germana

キハダカノコ
黄肌鹿子

チョウ目ヒトリガ科【開張】30～37mm【**分布**】本州、四国、九州、対馬、西表島
【**時期**】7～9月【**寄主植物**】ハコネウツギ、シロタエギク、ギシギシ、ササなど（幼虫）

黄と黒の縞模様を眺めつつ、蛾デザインの服を夢想する

　お腹の黄と黒のタイガー模様が特徴的な蛾。日本のカノコガの仲間には、カノコガ、キハダカノコ、ムラマツカノコ、ツマキカノコの4種類が見つかっている。基本の形は似ているが、胴体の黒と黄の色の配分や鹿子模様の白い部分が黄色であるなど、少しずつデザインが異なるところが、まるでアイドルグループの衣装のようだと思う。ぜひとも4種類とも作り、並べて鑑賞したいものだ。

　このカノコガたちと同じように、形は似ているが色違いの種があったりすると、ついセットで作りたくなる。シタバガの仲間のカトカラやカノコガも含まれるヒトリガの仲間の蛾には、とくにそういう意味で創作意欲をそそられる種類が多く、野望は尽きない。

　蛾のデザインは、服のデザインに落とし込んでもなかなか素敵だと思う。カトカラ属だとシックな色合いのウール織物のスカートから鮮やかな後翅の色のパニエが覗いているイメージ。ヒトリガの仲間の模様は少しレトロな柄物のワンピースのようだ。とくにアカスジシロコケガ、スジベニコケガ、イチジクヒトリモドキなどは、1970年開催の大阪万博でコンパニオンが着ていたような形のワンピースに似合うテキスタイルデザインをしている。

　日本のカノコガの仲間はみな昼行性である。黄と黒の警戒色の蛾はほかにもキンモンガ、ウメエダシャク、トラフヒトリ、トラガなどがいるが、いずれも明るいうちに活動する蛾が多い印象だ。目で狩りをする鳥などの捕食者に対して有効なのだろう。

「知的好奇心による芸術」

　人は擬態する虫というものに心惹かれる。多くは捕食者から目をそらすことに特化してきた擬態が、逆に人間という種に限っては興味の的になってしまっているのだ。その擬態が巧妙であればあるほど人間の知的好奇心を刺激してしまう。目立たないことに全力を注いできた彼らにとっては実に不本意な事態であろう。被捕食者として気の遠くなる年月を擬態という術を身につけながら生き残ってきた彼らの姿。それは捕食者から見れば自らの狩りを惑わす厄介な防具だが、人間から見るとかけがえのない芸術作品となる。この擬態、蛾においてはひじょうに多くの種が身につけており、蛾を語るうえで欠かせない特性のひとつだ。そんな擬態にはいくつか種類がある。蛾が有してきた擬態を簡単に説明する。

扮装型擬態

　自分の姿を何かに似せてしまう擬態である。有名なコノハムシなどがあげられる。人の知的好奇心をこれでもかと刺激する擬態だ。本書でいえば枯葉に姿を似せるアケビコノハやムラサキシャチホコ、木の枝に似せるツマキシャチホコが該当する。

隠蔽型擬態

　自分の身体を環境と同化させる擬態である。本書でいえば木の幹に自分の体を似せるトビモンオオエダシャクや樹幹の苔に同化するケンモンミドリキリガが該当する。擬態する蛾の大多数はこの隠蔽型擬態である。

　また、うまく擬態しているときに、まったく別の模様を見せて捕食者を驚かせる蛾もいる。シロシタバという蛾がまさにそれである（右ページイラスト）。かなり大きい蛾で翅を閉じていても大人の手のひらくらいはある蛾なのだが、前翅を閉じて樹幹に静止していると本当にうまく隠れる。私は一度、灯りのそばにあるブナの木で幹にとまっている蛾を探していたところ、

意図しないところでいきなりまっ白な後翅を見せられ声を出して驚いてしまったことがある。何の変哲もない木の幹がいきなり目の前でまっ白に変わったのだ。意識して蛾を探している人間が、そんな大きい蛾を目の前にしてもまったく気がつくことができなかった。それほど緻密な擬態をしていた前翅を開き純白の後翅をいきなり見せつけ驚かせる。これは捕食者を驚かせるには効果抜群だな、と寸刻夜の山の中で感心した。

ベイツ型擬態

これは、毒や攻撃手段をもたない種が、もつ種に姿を似せて自分も毒や攻撃手段をもつ種だと騙す擬態である。本書でいえばキイロスズメバチに擬態するコシアカスカシバ、ジャコウアゲハに擬態するアゲハモドキなどが該当する。似たようなものに、毒のある種同士が似たような色彩をもち捕食者に警告する**ミュラー型擬態**というものがある。ホタルとホタルガなどがこれに該当する。

*

私は隠蔽型擬態が好きで、擬態している蛾を見つけるとうれしくなる。蛾を探していると駐車場のアスファルトに擬態した蛾も多く（実際は岩などに似せてきた結果なのだろう）危うく踏んでしまいそうになる。しかし擬態する蛾というのは自分のとまる場所をよくわかっており、自分の体色と同じような場所にとまっていることが多い。もっとも、とまるところを選択する行動も含めて淘汰されてきた結果であろう。

人間も擬態している、と私は思う。というのも人間は外見や服装で周りから見る印象が変わる。学生服を着れば学生に、スーツを着ればサラリーマンに見える。実際はそれぞれ違う個性をもつが、ある一定の役割を演じたいときは外見や服装を合わせることで擬態できる。その際は同じような種が同調するミュラー型擬態でありたいものだ。　　＜飯森政宏＞

PART 4

美しい蛾

あるときはモダンに、
あるときはかわいらしく、
さまざまな美しさで
私たちを魅了する蛾たち。
なんと魅惑的な
生き物なのだろうか。
1枚1枚の鱗粉が魅せる
美しい世界へようこそ。

Erasmia pulchella

サツマニシキ
薩摩錦

チョウ目マダラガ科　【開張】60〜90mm　【分布】本州、四国、九州、南西諸島　【時期】6〜10月　【寄主植物】ヤマモガシ（幼虫）

緑、黒、白、赤。きらめく翅をもつ

　サツマニシキを見たら、「蝶に比べて蛾は美しくない」なんて言う人はいないのではないだろうか。もともと蝶は蛾とともにチョウ目に分類され、厳密に区別するのも難しい。

　金属光沢のあるエメラルドグリーンを基調として、黒と白の斑紋とルビーのような赤いラインが入る、まるで宝石のように美しい蛾だ。普段の作品は綿の糸で刺すことが多いが、サツマニシキは光沢を表現するために、絹糸で刺繍した。蛾の翅は種類によって光沢の加減や粉感が異なるので、できる限りそれぞれの蛾に合わせた素材を使うようにしている。透けている翅の蛾にはオーガンジーやビニール素材などを使い、光沢感の強い蛾にはナイロンや絹の刺繍糸を使う。

　サツマニシキは昼行性で、明るいうちに飛んで花の蜜を吸う。威嚇時は黄色い泡をカニのようにブクブクと吹く。じつはこの泡には毒性があり、鳥などの捕食者に対して効果があるそうだ。日本で最も美しい蛾のひとつといわれるサツマニシキだが、世界で最も美しいチョウ目には、マダガスカル島に生息するニシキオオツバメガの名がしばしばあがる。ニシキオオツバメガは、後翅の尾状突起（アゲハチョウのように尾がツバメの尾のように長く装飾的な突起）が特徴的で、金属光沢のある黒、緑、青、赤で構成された翅が美しい大型の蛾である。

　「蝶」と「蛾」という言葉の印象に惑わされることなく、それぞれの個人が美しいと思うものを純粋に慈しんでほしいと思う。

Eterusia aedea

オキナワルリチラシ
沖縄瑠璃散らし

チョウ目マダラガ科【開張】45〜75mm 【分布】本州、四国、九州、隠岐、対馬、南西諸島 【時期】本土では8〜9月、南西諸島などでは4〜11月 【寄主植物】ヤブツバキ、ヒサカキ、イジュ（幼虫）

地域によって生息する蛾が異なり、季節感もいろいろ

　サツマニシキと並び、宝石のように美しいといわれる蛾のひとつ。前翅はグリーントルマリンのような深みのある緑色に白の斑紋、後翅は翅先にきらめきのあるサファイアブルーの差し色が入る。亜種（同じ種類の蛾を地域ごとに細分化して分類したもの）がたくさんいて、生息する地域によって色味や模様に加え、発生回数や活動時間なども異なるのもこの種のおもしろいところだ。オキナワルリチラシもサツマニシキも南方系の蛾で、北上するほどに見る機会が減っていく。

　日本国内でも、地域により生息する蛾の種類は異なる。以前、鹿児島に住んでいる友人に「毎年、オレンジ色のラインが入る蛾がマンションで大発生する」と言われたことがあった。私は関西に長く住んでいて、当時、該当する蛾が思いつかなかったのだが、後に南方系の蛾であるキオビエダシャクだと判明。キオビエダシャクは、もとは沖縄以南に生息していたが、どんどん北上し、生息域を拡大しているという。ミノウスバの項（P68）で紹介したウスバツバメガも、関西では毎年のように見られるが、関東方面ではまったく生息していないらしい。

　また、たとえ同じ種の蛾でも生息場所によって出現する時期も異なることが多い。春の蛾は南から順に発生するが、北海道では春の蛾が夏になっても出現していることがある。そして、山間部だけに生息している蛾もいる。自分にとっての普通が、ほかの人にとっても普通とは限らないのだ。いつまでもそれぞれの地域の生物相が保護されることを願っている。

Cerace xanthocosma

ビロードハマキ
天鵞絨葉巻

チョウ目ハマキガ科 【開張】34〜59mm 【分布】本州、四国、九州、対馬、屋久島 【時期】6〜10月 【寄主植物】アセビ、ヤブニッケイ、タブノキ、サンゴジュ、チャノキ、カエデなど（幼虫）

蛾の名前から、その特徴を想像してみる

　深い紺色に真紅のラインが入る下地の上に、張り子刺繍を施したような黄色の水玉模様がのる。前翅の上縁は肩パッドを入れたように盛り上がり、シルエットはアーモンドのよう。しっかりと翅を閉じた姿は、一見、蛾には見えないかもしれない。後翅はオレンジがかった黄色に黒い斑点模様が入る。前翅も後翅もエキゾチックな模様である。前翅は細長い形だが後翅をまったく見せずにとまるので、どうやって収納しているのか気になっていた。散歩中にビロードハマキに出会ったとき、腹側から覗いてみた。すると後翅を折り畳むように収納していた。作品を作るときも、この翅の収納方法を表現するようにしている。

　和名のハマキガを漢字で書けば葉巻蛾となる。ハマキガの仲間は幼虫のとき、葉を巻いたり綴ったりして巣を作るものが多いことから名づけられたようだ。ビロードハマキも幼虫のときに2、3枚の葉を綴った巣を作り、その中で過ごす。蛾はその名前からある程度の特徴を知ることができるのだが、名づけた先人たちはすごいと思う。

　蛾の和名では、幼虫時代や成虫の特徴から名づけられたものが目立つ。シャチホコガの仲間の「シャチホコ」は、幼虫時代、城の上などに設置される鯱鉾のようなポーズをするからで、アケビコノハは幼虫の寄生植物の名前と成虫の翅の様子を表現した名前だ。ユキムカエフユシャクやユウグモノメイガなどのように、趣深い風情のある名前のものもいる。どれも名づけ親の蛾に対する思いが伝わってくるようだ。

Sinna extrema

アミメリンガ
網目実蛾

チョウ目コブガ科【開張】33〜37mm【分布】北海道、本州、四国、九州
【時期】5〜9月【寄主植物】オニグルミ（幼虫）

じつは隠れている後翅も美しい

　前翅は白地に芥子色(からし)の太い網目模様で翅先には黒の斑点模様が入り、このままスカートのデザインになってもとてもかわいいと思う。眼は透き通るようなブルーで美しい。

　アミメリンガのように後翅を隠すようにとまる蛾は、後翅がまったく見えない。けれど後翅も美しいので手を抜くことなく作りたいと思う。

　蛾を作りはじめた当初は、翅を動かすことはできない作りだった。はじめはオオミズアオやヤママユのようなリボン型の蛾から作っていたので、可動しなくても問題なかったのだ。しかし、アミメリンガやヒトリガ、ウンモンスズメなどの蛾は、後翅をあまり見せずにとまる。見せようと思えば展翅(てんし)標本（翅を開いた状態で乾燥固定した標本）の状態にするしかない。だが、生きているような蛾を作りたかった私にとっては、展翅の死んでいる状態で作ることには抵抗があった。つまり、後翅も見てもらうためには、翅を動かせるようにするしかなかったのだ。試行錯誤の上、現在は翅、触角、脚を動かすことができる作りになっている。この可動する刺繍の蛾たちを使って、いつかコマ撮りアニメーションで、生きているように動かすのが夢である。アミメリンガなどのおしゃれな蛾たちをそろえて、ファッションショーに見立てて動かすのは素敵だなあと夢想している。ちなみに、生きている状態の蛾を制作するというこだわりは、刺繍作品だけでなくカードやバッチなどの蛾グッズを作る際にも気をつけている。

Camptoloma interioratum

サラサリンガ
更紗実蛾

チョウ目コブガ科 【開張】31〜39mm 【分布】本州、四国、九州、対馬 【時期】6〜7月 【寄主植物】コナラ、クヌギ、アベマキ、カシなど(幼虫)

幼虫は集団で生活し、巣を作る

　黄色い翅に歌舞伎の隈取のような朱色と黒の模様が大胆に入る。腹の先はピンク色で、産卵後、腹の毛をのせることでピンク色のフサフサした卵になる。幼虫はコナラやクヌギなど主にブナ科コナラ属の樹木につき、幹や枝に集団で糸を張って作った巣の中で集団生活をする。食事のときはゾロゾロと巣から出てみんなで葉を食べに行き、また巣に戻るという。

　学生時代、真夜中に友人と歩道を歩いていたとき、歩道脇の段差の部分を毛虫が行列をつくっているのに遭遇した。1頭1頭が等間隔で、一糸乱れぬ行進だった。あとで調べると、海外に生息するマツノギョウレツケムシと呼ばれるシャチホコガ科ギョウレツケムシガ亜科の毛虫は、行列で隊を組んで歩くことや、集団生活をする毛虫には行列を組んで蛹になる場所を求めるケースがあることがわかった。マツノギョウレツケムシの場合、先頭の毛虫が吐いた糸を次の毛虫がたどり、また次の毛虫が糸を吐いてその後ろの毛虫がたどるということを繰り返すことで、一糸乱れぬ行列になるという。記憶をたどると、色味といい大きさといい、その姿はサラサリンガの幼虫に似ていたような気がするのだ。実際、サラサリンガの幼虫は、行列を作って移動する行動があることが知られているそうだ。

　ちなみに、サラサリンガは1頭につきひとつの繭を作るが、海外には集団で繭を作る芋虫がいる。ギョウレツケムシがまさにそうで、彼らはサッカーボールほどもある大きな繭を集団で作るので、野蚕として糸をとるために活用する研究がされているそうだ。

Spilosoma punctarium

アカハラゴマダラヒトリ
赤腹胡麻斑火取

チョウ目ヒトリガ科【開張】35～40mm【分布】北海道、本州、四国、九州、屋久島
【時期】4～9月【寄主植物】ミズキ、クワ、スイバなど(幼虫)

下から腹や脚を覗き込んで色を確認

　毛皮のマフのような白いふわふわの背毛と、そこから伸びるゴマダラ模様の白い翅が美しい蛾。ゴマダラ模様の黒斑には個体差があり、まっ白な翅の個体もいる。とまっているときは、黒いドット模様の赤い腹は見えない。

　毎年5月頃、家の近くでアカハラゴマダラヒトリと、腹の色が異なるキハラゴマダラヒトリによく出会う。前翅が純白なのがアカハラ、やや黄色っぽいのがキハラだが、比較してみないとどちらか判断するのが難しいため、下から覗くようにして腹か脚の色が赤なのか黄色なのかを確認している。

　白い翅に赤い腹の蛾はほかにもいる。サイズが少し大きめのシロヒトリ、黒い点が列になって翅が全体的に少しピンクがかるスジモンヒトリ、背毛のまん中に縦の黒いラインが入るセスジヒトリなど。出会うたびに図鑑で答え合わせするのが楽しい。

　大学時代、日暮れどきに校舎の前で友人を待っていた。ふと見上げると、街灯の前に大きな蜘蛛の巣が張ってある。そこにフラフラとアカハラゴマダラヒトリが飛んできた。彼は吸い込まれるように蜘蛛の巣にかかってしまった。気づいた巣の主が彼に近づいてくる。「もう駄目か……」と諦めかけたとき、するりと彼は巣から逃れた。小麦粉に水分を加えて生地をこねるとき、打ち粉をして手に生地がつかないようにするが、鱗粉の粉っぽさは蜘蛛の巣の粘着から逃れるためにも役立つのではないだろうか、と感じた出来事だった。

Cyana hamata

アカスジシロコケガ
赤筋白苔蛾

チョウ目ヒトリガ科
【開張】20〜38mm 【分布】北海道、本州、四国、九州、対馬、南西諸島
【時期】6〜9月 【寄主植物】地衣類(幼虫)

雌雄で模様が違う蛾。幼虫は自らの毛を抜き繭を作る

　白い翅に赤いリボンをかけたような模様がかわいらしい蛾。雄と雌でやや異なる模様をもち、左右の前翅にボタンみたいな黒い点が雄はふたつ、雌はひとつずつある。後翅は雌雄いずれもサーモンピンクのグラデーションがかかっていて桜貝のように美しい。眼は透き通るライトブルーで翅の白と赤の模様にとてもよく映える。

　雌雄で異なるデザインの蛾は、どちらも作りたくなる。本書の雌雄のアカスジシロコケガのブローチは、お客様から結婚記念日のお祝いにとオーダーを受けたもので、とてもうれしく制作した思い出がある。

　雌雄で違うデザインの翅をもつ蛾は、他にもマイマイガ、カシワマイマイ、シロオビドクガ、ヨツボシホソバなどがいる。カシワマイマイは翅の色だけでなく腹の色も雄は黄色、雌はピンク色と異なっている。知らないと別種の蛾だと思うだろう。

　アカスジシロコケガの幼虫は毛虫で、蛹になるときは自らの毛を用いて編んだ籠のような繭を作る。自分の毛を抜いて器用に繭を作る姿を想像すると、鶴の恩返しで自らの羽で機織りをする鶴のイメージと重なる。

　繭の作り方も蛾ごとに個性があって興味が尽きない。遺伝子に刻まれた行動なのだと知りつつも、すばらしい造形技術にただただ感動するのである。

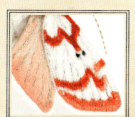

Eligma narcissus

シンジュキノカワガ

樗木皮蛾／神樹木皮蛾

チョウ目コブガ科 【開張】67〜77mm 【分布】北海道、本州、四国、九州、対馬
【時期】7〜11月 【寄主植物】ニワウルシ（シンジュ）、ニガキ（幼虫）

黄色と黒のポップアートをまとう蛾

　幼虫がニワウルシ（シンジュ）を食草とし、それが名前の由来になっている。前翅は曲線で区切られ、境界線を強調するようにグレーのグラデーションが入る。後翅はオレンジがかった黄色と黒のツートーンカラーで、黒の部分にはネオンブルーの模様が入る、ポップな抽象絵画のような模様の蛾だ。幼虫は黄色い体に黒の縞模様が入り、これまたおしゃれな毛虫なのだ。

　樹皮上に繭を作ってその中で蛹になるのだが、蛹に近づくとシャカシャカと威嚇音を出すそうだ。蛹なのにどうやって感知しているのだろうか。偶産種とされていて、日本の寒い冬を越すことはできないという。偶産種とは日本国内に本来生息せず、気象現象などにより、海外から日本へ運ばれて一時的に出現する種類のこと。通常ならそのまま定着することはないのだが、本来、外来種である寄主植物のニワウルシも日本で繁殖しているため、シンジュキノカワガも冬が来るまでの何世代かを日本で繁殖することができるらしい。

　蛾と蝶を区別する方法のひとつとして、前翅と後翅をつなぐ連結部分の構造が異なることがあげられる。ヤママユなど例外の蛾もいるのだが、通常の蛾は後翅の根元あたりから翅刺（しし）という棘が出ていて、前翅のフックのような器官（保帯（ほたい））と結合している。前翅を動かすと後翅も一緒についてくるのはそれが理由だ。本書のシンジュキノカワガでは、その器官も再現しようと試みて制作した。

Alucita spilodesma

マダラニジュウシトリバ
斑二十四鳥羽

チョウ目ニジュウシトリバガ科 【開張】13mm前後 **【分布】**北海道、本州、四国、九州、種子島、屋久島 **【時期】**3〜12月 **【寄主植物】**スイカズラの蕾(幼虫)

鳥の羽を模した小さな蛾「ミクロレピ」

　名前の通り24本の鳥の羽が扇子のようにくっついた翅をしている。翅脈と翅脈の間には毛が生えているだけなのだが、問題なく飛ぶことができる。しかもこの翅は、ヒトリガなどと同じように後翅を隠すように折りたたむこともできる。実際のマダラニジュウシトリバは指先にちょこんと乗るくらいの小さな蛾である。

　酉年の一番はじめに作ったのがこの蛾で、毎年、干支にちなんだ蛾を制作したくなる。寅年にはトラガを、卯年にはうさ耳のような触角のマイマイガを、巳年ならヘビ模様をもつヨナグニサンかな、などと夢想するのも楽しい。

　ニジュウシトリバの仲間と同様に鳥の羽のような翅をもつ蛾に、トリバガの仲間がいる。ニジュウシトリバガより羽の数が少なく細長い翅で、T字を描くようにとまるのが特徴だ。その中でもフキトリバは、翅のフサフサした毛が発達し、西洋絵画に出てくるような大天使を連想させる。開張20mmくらいの小さな蛾なのだが、出会えるとものすごくうれしい蛾のひとつである。発見できたときの感動もひとしおである。

　このような小さな蛾は「ミクロレピ」とも呼ばれる(ミクロ=小さな、レピ=鱗翅目の学名Lepidopteraの略称)。ミクロレピは、現在も毎年のように新種が見つかっているそうで、なんだかわくわくする。

Cirrhochrista brizoalis

モンキシロノメイガ
紋黄白螟蛾

チョウ目ツトガ科【開張】20〜24mm【分布】本州、四国、九州、対馬、南西諸島【時期】5〜9月【寄主植物】イヌビワ、アコウ、イチジクなどの花嚢(かのう)・果実(幼虫)

顔つきを左右する「下唇鬚(かしんしゅ)」の形を観察してみよう

　翅を縁取りするようなオレンジ色の模様と、判子で押したようなまん丸の模様が魅力的な蛾。触角は胴体の方へと流れるように静止していることが多く、オリックスの角のようでカッコイイ。下唇鬚は前に突き出すように発達し、その間から口吻(こうふん)が覗く。

　下唇鬚は蛾によって発達の度合いが異なり、おもしろい形をしている蛾も多い。アケビコノハはカブトムシの角のような下唇鬚だし、オオエグリシャチホコは頭の2倍の長さのフサフサ毛が生えた下唇鬚だ。ヒメクロイラガの下唇鬚は外に向かってブハッと広がるように毛が生えていて羽はたきのようである。背中に下唇鬚を背負っているハナオイアツバもおもしろい。

　下唇鬚が特徴的だと、とても個性的でおもしろい顔つきになる。元々は口器の一部でチョウ目では感覚器になっているというが、その役割はよくわかっていない。蛾によって眼の色や触角、下唇鬚などさまざまな個性があり、その蛾らしい顔つきというものがある。できる限りその「顔つき」も表現できるようにしたいと思う。

　モンキシロノメイガの翅の柄は、まるで抽象絵画のようだ。このような図形的な模様で構成された翅をもつ蛾はほかにもいる。日の丸を背負ったようなマルモンシロガ、三角形で構成された翅をもつサンカククチバ、翅の内側から外側に向かって太めの直線ラインが入るセスジスズメなど。彼らは、まるでロシアのアヴァンギャルド絵画を思い起こさせる。

Erebus ephesperis

オオトモエ
大巴

チョウ目ヤガ科
【開張】90〜100mm 【分布】北海道、本州、四国、九州、対馬、南西諸島
【時期】4〜9月【寄主植物】サルトリイバラなど(幼虫)

表裏の違う模様を見ると、再現したくなる！

　巴（ともえ）とは、勾玉（まがたま）のような形をひとつ、またはいくつか組み合わせた文様のこと。太鼓や瓦などに描かれたり、家紋にも用いられる日本の伝統的な文様のひとつだ。たしかにオオトモエの眼状紋は巴紋のように見える。深みのある茶色のグラデーションに巴紋、前翅と後翅をつなぐように入る白いラインが渋い印象の蛾だ。翅の裏側はやさしい亜麻色をしている。裏表で模様がまったく異なるのも特徴的。オオトモエのように裏表が異なる模様の蛾は、そのまま作りたくなる。巴紋をもつ蛾は他にもハグルマトモエ、シロスジトモエなどがいる。シロスジトモエは韓国の切手に描かれていたこともあるという。

　オオトモエに出会ったのは、尊敬する作家Ｍさんのお誘いで夜に光で蛾を集めるライトトラップに参加したときのこと。大きな白い布のほうではなく、Ｍさんがかけていた小さなエプロン目がけて彼は飛んできた。開張90mmほどと大きいオオトモエの羽ばたきは、ダイナミックで美しく、しばらく見入ってしまった。Ｍさんのアトリエでは、他にもルリボシカミキリやスカシカギバなど、会いたかった虫たちに出会え、すばらしい時間を過ごした。

　柏餅の柏の葉のかわりにサルトリイバラを使う地域がある。Ｍさんのアトリエからの帰り道、お土産に柏餅を買ったら、そのサルトリイバラに包まれたものだった。後にオオトモエの寄主植物がサルトリイバラであることを知って、妙なつながりにうれしくなった。

Callambulyx tatarinovii

ウンモンスズメ
雲紋雀

チョウ目スズメガ科 【開張】65〜80mm 【分布】北海道、本州、四国、九州、対馬 【時期】5〜8月 【寄主植物】ケヤキ、ハルニレ、アキニレ（幼虫）

雲を連想させる浮世絵のような蛾

　緑色のグラデーションが美しい前翅と、ビビッドなピンク色の後翅をもつスタイリッシュな柄の蛾である。漢字では「雲紋雀」と書くが、たしかに緑の模様は丸みを帯びた雲を彷彿とさせる模様で区切られていて、木版で何刷も重ねた浮世絵のようにも見える。卵もプリッとした淡いエメラルドグリーンで、宝石のようである。

　ウンモンスズメによく似ている蛾に、キョウチクトウスズメがいる。大きさはキョウチクトウスズメのほうが大きく、翅のつけ根に目玉模様がある。ウンモンスズメに比べると、少し呪術的な印象がある蛾だ。キョウチクトウスズメは南方系の蛾なので、基本的には本州以北では会うことはできないが、本州でも稀に出現記録はあるようだ。寄主植物はキョウチクトウなどで、街路樹にもよく植えられているので、温暖化が進み冬の寒さが軽減したら、より広範囲で見られるようになるかもしれない。

　ウンモンスズメはずっと出会いたかった蛾のひとつで、出会ったときは感動した。学生時代、アルバイトの帰り道、コンビニに立てかけてあるのぼり旗に彼はとまっていた。同じく蛾好きの友人が会いたがっていたので、すぐさま電話をしてみると、友人は1時間かけて山を下ってやってきた。夜中の蛾観察はひとりでは心もとないけれど、友人と蛾探しできた大学時代はすばらしい日々だった。

キョウチクトウスズメ

Deilephila elpenor

ベニスズメ
紅雀

チョウ目スズメガ科
【開張】50〜70mm **【分布】**北海道、本州、四国、九州、対馬、南西諸島
【時期】4〜9月 **【寄主植物】**オオマツヨイグサ、ホウセンカ、ツリフネソウ、ヤブガラシ、ミソハギなど(幼虫)

ピンクとグリーンの翅はファンタジーの世界から出てきたかのよう

　ピンクと抹茶グリーンの組み合わせがなんともいえず、かわいらしい蛾。ピンク色の生き物なんて、ファンタジーの世界の中にしかいないと思っていたので、ベニスズメを知ったときは単純に驚いた。展示に来てくれたお客様がベニスズメの亡き骸を道端で見つけたとき、「あまりに鮮やかなピンク色だったので、誰かがいたずらでスプレーを使って着色したのかと思った」と言っていたのが印象的だ。

　ピンク色の蛾はベニスズメだけではない。マエベニノメイガ、ベニスジヒメシャク、ツマキシマメイガ、ユウグモノメイガ、ベニチラシコヤガ、ベニトガリアツバなど。小さくても美しく、かわいい蛾がたくさんいるので、作りたい蛾が多過ぎて困っている。

　ベニスズメはヨーロッパ、中央アジア、ロシアにも生息しているという。同じ種類の蛾を違う国の人々も見ているかと思うと、なんだかうれしくなる。SNSで知り合った海外の人たちから、見つけた蛾の画像をメッセージでもらうことがある。日本でも見かけたことのある蛾もあれば、その国らしい色彩の蛾のこともあり、いつも楽しませていただいている。

　スズメガの仲間は蝶と同じようなストロー状の口(口吻)をもっていて、ベニスズメなど夜行性のスズメガは夕方から夜間にかけて吸蜜する。蝶よ花よというが、蛾のために夜に咲くマツヨイグサやカラスウリなどの花もあるのだ。

Phyllosphingia dissimilis

エゾスズメ
蝦夷雀

チョウ目スズメガ科 【開張】90〜110mm **【分布】**北海道、本州、四国、九州、対馬 **【時期】**5〜8月 **【寄主植物】**オニグルミ（幼虫）

スズメガの仲間でも、とまりかたはさまざま

　一見すると茶色の蛾だが、アイシャドウをのせたように淡いパープルとオレンジ色が入る。刺繍するときは、その鱗粉の粒子を淡く重ねたような感じを出すため、下地の茶色を残しつつ上から重ねて鮮やかな色の糸を刺していく。翅の形も特徴的で、縁が波打つシルエットが美しい。ベージュの背毛にはこげ茶色の太めの縦ラインが中央に入り、そこだけ見るとジャンガリアンハムスターのようにも見える。

　後翅を外側に見せるようにした独特なとまりかたをすることを知ってから、会いたくてしかたがなかった。幸運なことに、その出会いは突然訪れた。はじめて高速バスで関西から四国へと向かう途中のこと。休憩のために立ち寄ったサービスエリアに彼はいた。思いがけない出会いに私は興奮し、わずか10分間の休憩時間に舐め回すように観察した。

　蛾を探そうと目的をもって外出することもあるのだが、買い物の行き帰りや散歩の途中など、日常の中、思わぬときに蛾たちと出会えると偶然の出会いに運命めいたものを感じる。

　同じスズメガの仲間でも、とまりかたは個性がある。ウンモンスズメやベニスズメのように三角形に収まるようにとまるもの、クロメンガタスズメやエビガラスズメのように翅を少しすぼめて蝉のようにとまるもの、後翅を外側に見せるようにしてとまるのはエゾスズメのほかにノコギリスズメがいる。制作するときは彼らのとまりかたの個性をも表現できるようにしたい。

Theretra nessus

キイロスズメ
黄色雀

チョウ目スズメガ科 【開張】80～120mm 【分布】本州、四国、九州、対馬、南西諸島 【時期】5～10月 【寄主植物】ヤマノイモ、ナガイモ、サトイモ、オニドコロなど（幼虫）

翅がボロボロの蛾に出会ったとき、彼らの冒険を想う

　黄色と緑色の組み合わせが絶妙で、体の流線型のラインも美しい。大学時代、近所に畑が多かったためか、よく宿舎に飛んできてくれた。光が当たると腹の黄色い部分が反射板のようにキラリと光り、それがまたカッコイイ。

　蛾に出会ったときは、真上、横、斜め、前、後ろと、あらゆる方向からジロジロ観察する。大きい種の蛾ほど、一度とまったらじっとしていることが多いので、観察し放題だ。ぽってりした腹の通り、太っ腹である。腹側も観察したいときは、前脚の前に指を置いてチョンチョンと尻を触ると、面倒くさそうに数歩前に歩いて手に乗ってくれる。小さい蛾だとすぐに飛んでしまうことも多いが、大きい蛾はなかなか飛ぼうとしない。

　中くらいの蛾の場合、あまり刺激を与え過ぎると「耐えかねる！」と翅をブブブと羽ばたかせてから飛び立ってゆく。大きい蛾ほど急に飛び立つことが難しいようでブブブと助走をつけるような羽ばたきをしてから飛ぶ。ヤママユやオオミズアオなどはそれでも飛ぶのが苦手のようで、壁にぶつかりながら飛ぶ姿もよく見かけるが、灯りに惑わされているのかもしれない。そんなわけで、翅もすぐにボロボロになってしまうらしい。見つけた蛾の翅がボロボロに欠けていると、その蛾がどれくらいの距離を飛んでどんな旅をしてきたのだろうと想像し、労いの言葉をかけたくなる。そして、よい伴侶に出会えるよう、健闘を祈るのだ。

Dryocampa rubicunda

ロージー・メープルモス
桃色山繭

チョウ目ヤママユガ科 【開張】35〜50mm 【分布】北アメリカ（カナダ〜アメリカ）東部 【時期】4〜11月 【寄主植物】カエデ、オークなど（幼虫）

「かわいい」からはじまる小さきものたちへの畏敬

　北アメリカに生息するもふもふとしたピンクとクリーム色のメルヘンな色彩の蛾で、和名はモモイロヤママユ。そのファンシーな姿からファンも多い。海外でも人気が高いようで、立体作品やイラストのモデルになっているのをよく見かける。
　やはり蛾の中でも、色彩がカラフルでかわいい蛾は、注目を集めやすいように感じる。でも、蛾を好きになるきっかけは「かわいい」からでいいと私は思う。なにを隠そう私自身も蛾のかわいらしさや美しさに惹かれてここまで制作してきたからである。
　蛾を探そうと思えば、おのずとたくさんの虫たちに出会うことができるし、蛾の生態を調べれば植物のことも知りたくなる。私は近所で名前も知らない虫や草に出会うたびに、無知を思い知らされ、近所の散歩コースですら広大な土地に感じる。蛾など小さなご近所さんのことを思い、遠くに見える山に想いを馳せれば、膨大な数の生き物がそこには生息しているのだな、とそれだけでゾクゾクとする。当たり前のことなのだけど、この世に生活しているのは人間だけではないのだ。とても便利な世の中で、その便利さに感謝するときも多々あるが、それによって他の生き物が犠牲になるのは嫌だなぁと思う。
　私に何ができるのか、まだまだ考えることしかできないのだが、今のところは蛾というミューズに感謝しながら、日々、蛾たちを作らせてもらっている。そんな蛾たちの魅力を少しでもお伝えできたならうれしく思う。

「蛾、その美しきもの」

　なぜ、蛾は美しいという認識が一般的ではないのだろう。これは私にとっては単純に疑問なのである。本章で紹介されたサツマニシキ、オキナワルリチラシなどの美麗種ですら、蛾というだけで単純な固定観念により嫌悪の対象とされているようだ。以前、某SNSでとある有名人がオキナワルリチラシの画像をアップして「カワイイ」というコメントをつけていた。私は(おおっ、この人は蛾に嫌悪感がない人なのか)とうれしくなった。単純なもので、今まで興味のなかったその有名人に少し好意的になってしまった。ところがである。そのコメントにはファン(らしき人)からのコメントがたくさんついている。それを読むと「それ、蛾ですよ！」「蛾はダメだ」「蛾なのにかわいい？」というコメントが見受けられるのだ。はて、蛾だから何だというのだろう。美しい、かわいいという個人の感性からくる感情は蛾という分類群にいるだけで否定されてしまうものなのだろうか。好意的な投稿から図らずも蛾の不遇な扱いをまざまざと見せつけられてしまった。

＊

　ということで近年いくらか緩和されてきた様子が見受けられるものの、現代の日本において蛾の地位というものは残念ながらまだまだ低い。一般的に見て蛾を美しいと思う感性は異端のようである。しかしそれは本当に個人が個人の意思で、感性で導き出した答えなのだろうか。いつからか通念となった「蛾＝汚い」を疑いもせず自分の意見としていないか。今でこそ蛾に魅入られている私ではあるが、PART 1でも紹介されているオオミズアオに出会い、蛾の美しさを目の当たりにするまでは件(くだん)の固定観念に縛られていたひとりである。何かのきっかけで蛾の美しさを知り、少しの知識を手にするだけできっと美しい蛾の世界が見えてくるはずなのだ。いいかえれば蛾の美しさを知る人は、呪縛から解き放たれた人たちなのである。

　本書を手にとっている方々はすでにこの呪縛から解き放たれているものと思う。

Actinotia polyodon

　本章では紹介しきれなかった美しい蛾たちを私見ではあるがいくつか列挙しておくので、機会があればご覧いただければと思う。
・ヒメモクメヨトウ　流れるラインが美しい、和的な美しさをもつ蛾（上記イラスト）。
・フルショウヤガ　白銀地の前翅に入る黒条のコントラストが絶妙な北海道の蛾。
・シロスジキンウワバ　緑色の光沢がひじょうに美しい蛾。
・イヌビワオオハマキモドキ　こちらも緑色の光沢ラインがとても美しい南国の蛾。
・キョウチクトウスズメ　緑地に施された幾何学模様が美しい蛾。
・エゾヨツメ　橙色に蒼い光沢の眼をあしらった春を代表する蛾。

*

　私は蛾の美しさについて語るときに「和風な侘び寂びのある美しさ」という言葉を使う。
　きらびやかな美しさをもつ蛾も一部存在する。たしかにそれらはとても美しい。しかしいくら美しくてもそれは「蛾の美しさ」ではない別の美しさだと私は思っている。もちろん、そのきらびやかな美しさにも充分に魅力はあり心を揺さぶられる。それとは別に蛾には蛾特有の美しさがある。それは金閣寺に対する銀閣寺といえばいいのだろうか、落ち着いた静かな美しさ。副交感神経が刺激される美しさだと思っている。さらに他コラムでも触れた多様性、季節性、地域性に応じた美しさを魅せてくれることも忘れてはいけない。蛾の世界はとてつもなく広い。人ひとりが一生をかけたとしてもその美しさをすべて知ることはできないのだ。
　身の回りの何の変哲もない蛾に美しさを感じはじめたとき。1匹の蛾に純粋な好奇心を向けたとき。あなたの蛾の世界は急速に広がりはじめるだろう。そしてそこからの人生は少しだけ豊かなものになっていくはずだ。願わくはその感性を封じ込めずに世へ開放していただきたい。
〈飯森政宏〉

あとがき

果てしない蛾の世界にいざなう「かわいい」という入り口

　私が蛾に興味をもちはじめてから、もうずいぶん長い時間が経過した。冬に出現するフユシャクから、爆発的な多様性をみせる夏の蛾までを眺めて、蛾にすっかりはまってしまったのは中学生の頃。毎日、放課後、家に帰ってきてから、今日は何がみられるかなと心躍らせながら、懐中電灯と捕虫網を持って近くの林を一回りするのが日課だった。その後は、趣味、身近な環境調査、さらには研究対象と、少しずつ距離感や見かたは変わりつつも、蛾とのつきあいは今日まで続いている。

　長年、蛾に関わっているなかで、蛾をはじめとする虫は一般的には嫌われ者なのかなと感じることがある一方で、虫に魅力を感じているかたがたに巡り会うことも多い。そのため、蛾の情報や魅力の発信というものを自然に意識するようになった。ネットを利用した情報発信や交流が容易になったことで、虫への人それぞれの想いを目にすることが増えていったのだ。なかでも目をひいたことのひとつが、虫をモチーフとしたアート作品だ。蛾売りおじさんの作品にも、そのように私自身の関心が変わっていくなかで出会うことになった。

　蛾売りおじさんの蛾に対する視線は等しく優しい。蛾は妖精のような存在といい、蛾の中に砂絵や浮世絵を見いだす。姿を記述すれば、ぽってり、もふもふ、もっちりといった擬態語が踊る。だが、ひとたび表現者の顔となると、「彼ら」の一挙手一投足を見逃すまいとする鋭い観察眼、それを的確に表現しようという新しい刺繡素材やテクニックへの挑戦が現れてくる。どの作品にも、再現や技巧のすばらしさだけでなく、蛾に対する優しい眼差しと観察眼がある。さらに、巧みでしたたかな生き方を畏れ、人間の営みの中でその行く末を案じる強い気持ちも見え隠れする。このように、彼ら蛾のことをもっと知ってほしいという想いがさりげなく伝わってくるところが、蛾売りおじさんの作品の大きな魅力でなかろうか。

　人は未知のものを恐れるということがあるが、嫌われ者の蛾もそれに近いものがある。逆にいえば、知るきっかけとなる「入り口」さえあれば、また違う視点で蛾を見てもらえるかもしれない。これもまた、私が情報発信で意識しているところでもある。図鑑やハンドブックは専門家が貢献できる入り口だが、これにとらわれずいろいろな入り口があっていい。蛾売りおじさん自ら語っているように、「かわいいから」が入り口でもいいのだ。ひとたび入り口をくぐりぬければ、蛾のいろいろな魅力にはまることになるだろうし、蛾を通して生態系や環境問題まで関心をもつようになるかもしれない。

　最近、虫好きによるアート作品が、脚光を浴びる機会が増えたように感じる。虫アートの作品展に足を運ぶと、作者の表現力に舌を巻き、表現された虫のかわいらしい姿に顔をほころばせている人ばかりだ。本書に散りばめられた、蛾のかわいらしい姿を描いた作品と文章によるメッセージが、蛾に関心を寄せる大きな入り口になると強く信じている。

神保 宇嗣

[さくいん]　・太字は項目あり　・細字は本文に名前掲載程度

あ

アカスジシロコケガ　97・116
アカハラゴマダラヒトリ　112
アゲハモドキ　88・99
アケビコノハ　76・81・98・107・123
アミメリンガ　108
イチジクヒトリモドキ　97
イチモジフユナミシャク　70・73
イヌビワオオハマキモドキ　141
イボタガ　48
ウスタビガ　62・67・71
ウスバツバメガ　69・105
ウメエダシャク　97
ウンモンスズメ　109・128・135
エゾスズメ　132
エゾヨツメ　51・67・141
エビガラスズメ　135
エリサン　29
オオエグリシャチホコ　123
オオクジャクヤママユ　39
オオシモフリスズメ　51・57
オオスカシバ　52・69
オオトモエ　124
オオミズアオ　42・72・109・137・140
オオミノガ　71
オオモモブトスカシバ　93
オカモトトゲエダシャク　72
オキナワルリチラシ　104・140
オナガミズアオ　15

か

カイコ　16・23・25・29・44
カシワマイマイ　117
カノコガ　94・97
カブラヤガ　44
カレハガ　81
キイロスズメ　136
キオビエダシャク　105
キシタバ　61
キハダカノコ　96
キバラケンモン　87
キハラゴマダラヒトリ　113
キョウチクトウスズメ　129・141
キンモンガ　97
クジャクヤママユ　39
クスサン　24・67
クリキュラ　43
クロウスタビガ　67
クロメンガタスズメ　54・135
クワコ　19
ケンモンキリガ　87
ケンモンミドリキリガ　86・98
コウモリガ　69
コシアカスカシバ　92・99
ゴマケンモン　87

ゴマフリドクガ　35

さ

サツマニシキ　102・105・140
サラサリンガ　110
サンカククチバ　123
シロオビドクガ　117
シロシタバ　61・98
シロスジキンウワバ　141
シロスジトモエ　125
シロヒトリ　113
シンジュキノカワガ　118
シンジュサン　26
スジベニコケガ　97
スジモンヒトリ　113
セスジスズメ　123
セスジヒトリ　113

た

チャドクガ　34・44
ツマキカノコ　97
ツマキシマメイガ　131
ツマキシャチホコ　84・98
ドクガ　97・121
トビモンオオエダシャク　82・98
トラガ　97・121
トラフヒトリ　97

な

ニシキオオツバメガ　103
ノコギリスズメ　135

は

ハグルマトモエ　125
ハグルマヤママユ　67
ハナオイアツバ　123
ヒトリガ　58・109
ヒメクジャクヤママユ　38
ヒメクロイラガ　123
ヒメモクメヨトウ　141
ヒメヤママユ　66
ビロードハマキ　106
フキトリバ　121
フユハマキ　71
フルショウヤガ　141
ベニシタバ　61
ベニスジヒメシャク　131
ベニスズメ　130・135
ベニチラシノコヤガ　131
ベニトガリアツバ　131
ホタルガ　99

ま

マイマイガ　44・117・121
マエアカスカシノメイガ　72

マエベニノメイガ　131
マダガスカルオナガヤママユ　40・67
マダラニジュウシトリバ　120
マツノギョウレツケムシ　111
マルモンシロガ　123
ミノウスバ　68・105
ムクゲコノハ　36・44
ムラサキシタバ　60
ムラサキシャチホコ　80・98
ムラマツカノコ　97
メンガタスズメ　57
モグリチビガ　33
モモイロヤママユ　139
モンキシロノメイガ　122
モンシロドクガ　35

や

ヤママユ　20・67・69・109・119・137
ユウグモノメイガ　107・131
ユキムカエフユシャク　107
ヨーロッパメンガタスズメ　57
ヨツボシホソバ　117
ヨトウガ　44
ヨナグニサン　30・121

ら

ロージー・メープルモス　138

[参考文献]

『日本産蛾類標準図鑑Ⅰ〜Ⅳ』
岸田泰則ほか編（学習研究社）

『日本の鱗翅類』駒井古実ほか編（東海大学出版会）

『ぜんぶわかる！カイコ』新開 孝著（ポプラ社）

『日本の昆虫④ シンジュキノカワガ』
宮田 彬著（文一総合出版）

『シルク資源シリーズ1 黄金繭
クリキュラ〜マンゴの大害虫が美しい
健康シルクを造る〜』
赤井 弘著（佐藤印刷）

『シルク資源シリーズ2 社会性の巨大繭巣』
赤井 弘著（佐藤印刷）

『シルク資源シリーズ3 プラチナ繭 アゲマミトレイ』
赤井 弘、檜山佳子、中島一豪、杉本星子著（佐藤印刷）

『樹と生きる虫たち シャチホコ蛾の生態』
中臣謙太郎著（誠文堂新光社）

『擬態する蛾 スカシバガ』
有田 豊、池田真澄著（むし社）

[著者]
蛾売りおじさん Gauriojisan

蛾をモチーフにした刺繍や絵などの作品を制作する、刺繍担当と絵担当の二人組。散歩しながら蛾を探すのが日課。蛾をデザインしたグッズも制作している。ギャラリーでの展示を中心に活動し、生き物系、アート系の即売会にも出展する。蛾の印象向上に努めてまいります。

Twitter：@higenogauri
Instagram：@make_moths
HP：higenogauri.wixsite.com/gauriojisan

[監修]
神保宇嗣 Utsugi Jinbo

国立科学博物館動物研究部研究主幹、博士（理学）。専門は昆虫分類学・生物多様性情報学。中学で蛾に目覚め、小さな蛾の世界にはまっていき現在に至る。主な著書に『日本産蛾類標準図鑑』（分担執筆、学習研究社）など。

[コラム執筆]
飯森政宏 Masahiro Iimori

日本蛾類学会・埼玉昆虫談話会所属。2006年から蛾類の生態写真を撮り続けている。世に蛾の美しさを広めるため、日々活動中。愛機はOLYMPUS E-5。
ブログ 蛾色灯：
gairoto.cocolog-nifty.com/blog/

もふもふでかわいく優美　刺繍で魅せるモス図鑑
蛾売りおじさんのめくるめく蛾の世界

2019年7月8日　発　行　NDC486

著　者	蛾売りおじさん
発行者	小川雄一
発行所	株式会社 誠文堂新光社
	〒113-0033　東京都文京区本郷3-3-11
	[編集]　電話03-5805-7765
	[販売]　電話03-5800-5740
	http://www.seibundo-shinkosha.net/
印刷	株式会社 大熊整美堂
製本	和光堂 株式会社

©2019, Gauriojisan　　Printed in Japan
検印省略

万一落丁・乱丁本の場合はお取り換えいたします。本書掲載記事の無断転用を禁じます。また、本書に掲載された記事の著作権は著者に帰属します。これらを無断で使用し、展示・販売・レンタル・講習会等を行うことを禁じます。

本書のコピー、スキャン、デジタル化等の無断複製は、著作権法上での例外を除き、禁じられています。本書を代行業者等の第三者に依頼してスキャンやデジタル化することは、たとえ個人や家庭内の利用であっても、著作権法上認められません。

JCOPY〈（一社）出版者著作権管理機構 委託出版物〉
本書を無断で複製複写（コピー）することは、著作権法上での例外を除き、禁じられています。本書をコピーされる場合は、そのつど事前に、（一社）出版者著作権管理機構（電話03-5244-5088／FAX 03-5244-5089／e-mail: info@jcopy.or.jp）の許諾を得てください。

ISBN 978-4-416-51954-7

[制作STAFF]

企画・編集	小沢映子
ブックデザイン	原条令子デザイン室
写真	井原淳一写真事務所
撮影協力	白畠かおり